# 河北省非金属露天矿山水平分层开采及转型利用研究

HEBEI SHENG FEIJINSHU LUTIAN KUANGSHAN
SHUIPING FENCENG KAICAI JI ZHUANXING LIYONG YANJIU

谭　丁　陈晓航　孟令刚　赵有国　曲云鹏　著

中国地质大学出版社
ZHONGGUO DIZHI DAXUE CHUBANSHE

图书在版编目(CIP)数据

河北省非金属露天矿山水平分层开采及转型利用研究/谭丁等著.—武汉:中国地质大学出版社,
2024.12. —ISBN 978-7-5625-6084-5

Ⅰ. TD824

中国国家版本馆 CIP 数据核字第 2025FQ2722 号

| 河北省非金属露天矿山水平分层开采及转型利用研究 | 谭　丁　陈晓航　孟令刚　著<br>赵有国　曲云鹏 |
|---|---|

| 责任编辑:舒立霞 | 选题策划:江广长　毕克成　段　勇 | 责任校对:宋巧娥 |
|---|---|---|

出版发行:中国地质大学出版社(武汉市洪山区鲁磨路388号)　　　　　　　　　　　邮编:430074
电　　话:(027)67883511　　　传　　真:(027)67883580　　　E-mail:cbb@cug.edu.cn
经　　销:全国新华书店　　　　　　　　　　　　　　　　　　　　　　　http://cugp.cug.edu.cn

开本:880mm×1230mm　1/16　　　　　　　　　　　　　　　　字数:226千字　印张:7.25
版次:2024年12月第1版　　　　　　　　　　　　　　　　　　印次:2024年12月第1次印刷
印刷:湖北睿智印务有限公司

ISBN 978-7-5625-6084-5　　　　　　　　　　　　　　　　　　　　　　　　　　定价:168.00元

如有印装质量问题请与印刷厂联系调换

# 河北省非金属露天矿山水平分层开采及转型利用研究

主　　任：李晓峰
委　　员：刘　德　袁海波　刘志远　徐永利
　　　　　于东剑　樊玉朋　马奎羽　林　茜

主　　编：谭　丁　陈晓航
副 主 编：孟令刚　赵有国　曲云鹏
编写人员：烟晓玲　马伟伟　彭鹏涛　段晓鹏
　　　　　赵丽玮　刘程远　周　旭　刘泽琪
　　　　　赵志豪　高　瑾　解梓巍　张　杰
　　　　　汪昱光　王默涵　刘　响　赵改超
　　　　　毕伏科　仲立刚　李家恒　刘　温

# 前言

随着社会经济的快速发展，物质文明建设快速推进，非金属矿产资源利用量快速增加。非金属露天矿山开采引发的环境、安全等问题制约了生态文明建设。部分矿山开采对生态环境的影响和破坏严重、安全隐患突出、资源利用效率低、矿山修复难度大，影响了矿业的可持续发展，阻碍了京津冀协同发展和经济社会高质量发展。2023年4月，为进一步规范露天矿山开采秩序，切实改善非金属露天矿山生态环境，河北省全面开展非金属露天矿山开采专项整治工作，科学推进全省非金属露天矿山开采方法向水平分层开采法转变，明确整治目标、整治范围和整治措施，通过政策指导和技术支持，推动矿山开采模式的转型升级。

本书是在该专项整治工作及水平分层开采法开采相关要求实行一年多的时间内，对水平分层开采法开采效果进行的总结分析，可为非金属露天矿山实行水平分层开采法开采提供可推广、可复制的发展模式。

本书主要研究内容：首先，分析河北省非金属矿山开发利用情况、生态修复现状，剖析解决矿权设置不合理，矿山规模结构有待优化，技术装备水平尚需提高，生态环境修复成本高、难度大、手段不足等问题的方向和途径，总结资源开发利用及生态修复现存问题的解决途径。

其次，将水平分层开采法开采相关内容进行整体梳理，从河北省非金属露天矿山中选出5个典型矿山，根据实行水平分层开采法开采前后开发利用情况，建立和分析相应的三维模型，展示水平分层开采法开采前后开采境界终了效果，分析终了境界形态，以及矿山闭坑后迹地可利用情况及经济、社会、生态价值等。

再次，分析水平分层开采法开采对非金属露天矿山资源开发以及生态环境的影响，评估对全省非金属矿山规模化、集约化及减量化发展的推动作用，同时总结在推行过程中存在的问题并提出解决途径。

最后，选取两个拟出让采矿权的建材类非金属矿产集中开采区，进行三维模型构建，结合水平分层开采法开采实际要求，深入研究并确定矿山开采的最终境界形态，全面统筹地理位置、生态环境、周边地形地貌特征、经济发展以及区域文化等多重因素，提出矿山闭坑后的有效再利用方向，为闭坑后的矿山开发空间提供可行的产业类型建议。

推行水平分层开采法开采为非金属矿产新型开采模式的研究带来了启示，笔者结合未来矿产开发的发展趋势，延伸提出基于水平分层开采法开采的生态矿业开采模式，分析说明实施生态矿业开采模式的推广路径，并展望其应用前景。

著　者
2024年9月

# 目录

## CONTENTS

**第1章 河北省非金属露天矿山现状** ………………………………………………………………… (1)
  1.1 非金属露天矿山开发利用现状 …………………………………………………………… (1)
    1.1.1 非金属露天矿山采矿权开采的矿产种类 …………………………………………… (1)
    1.1.2 非金属露天矿山建设情况 …………………………………………………………… (1)
    1.1.3 非金属露天矿山资源综合利用现状 ………………………………………………… (3)
    1.1.4 非金属露天矿山安全生产现状 ……………………………………………………… (5)
  1.2 矿山生态环境及治理修复现状 …………………………………………………………… (8)
    1.2.1 矿山生态环境问题 …………………………………………………………………… (8)
    1.2.2 矿山地质灾害 ……………………………………………………………………… (11)
    1.2.3 矿山生态修复措施 ………………………………………………………………… (12)
  1.3 资源开发利用存在的主要问题及解决途径 …………………………………………… (27)
    1.3.1 存在的问题 ………………………………………………………………………… (27)
    1.3.2 解决途径 …………………………………………………………………………… (28)
  1.4 生态环境修复存在的问题及解决途径 ………………………………………………… (29)
    1.4.1 存在的问题 ………………………………………………………………………… (29)
    1.4.2 解决途径 …………………………………………………………………………… (30)

**第2章 非金属露天矿山水平分层开采现状** …………………………………………………… (32)
  2.1 水平分层开采法的推出背景 …………………………………………………………… (32)
  2.2 水平分层开采法开采的相关规定 ……………………………………………………… (33)
    2.2.1 制定原则 …………………………………………………………………………… (33)
    2.2.2 基本组成 …………………………………………………………………………… (33)
    2.2.3 主要术语定义 ……………………………………………………………………… (34)
    2.2.4 基本原理 …………………………………………………………………………… (35)
    2.2.5 主要特点 …………………………………………………………………………… (36)
  2.3 开采模式推行现状 ……………………………………………………………………… (37)
    2.3.1 推进方案 …………………………………………………………………………… (37)
    2.3.2 推进进度 …………………………………………………………………………… (38)
  2.4 典型非金属露天矿山 …………………………………………………………………… (38)
    2.4.1 典型非金属露天矿山的选择 ……………………………………………………… (38)
    2.4.2 典型矿山1:某水泥用石灰岩矿 …………………………………………………… (39)
    2.4.3 典型矿山2:某白云岩矿 …………………………………………………………… (48)
    2.4.4 典型矿山3:某建筑石料用片麻岩矿 ……………………………………………… (53)

  2.4.5 典型矿山 4：某玻璃用白云岩、冶金用白云岩、建筑用白云岩矿整合区 ………… (59)
  2.4.6 典型矿山 5：某建筑石料用石灰岩（碎石）矿 ……………………………………… (63)

# 第 3 章 水平分层开采法对全省非金属露天矿山影响综合分析 ……………………… (69)
## 3.1 对非金属露天矿山资源开发的影响 ……………………………………………………… (69)
## 3.2 对非金属露天矿山生态环境的影响 ……………………………………………………… (70)
## 3.3 对全省非金属露天矿山的推动作用评估 ………………………………………………… (70)
  3.3.1 规模化发展评估 ……………………………………………………………………… (70)
  3.3.2 集约化发展评估 ……………………………………………………………………… (70)
  3.3.3 减量化发展评估 ……………………………………………………………………… (70)
## 3.4 推行过程中存在的问题和解决途径 ……………………………………………………… (71)
  3.4.1 推行过程中存在的问题 ……………………………………………………………… (71)
  3.4.2 解决途径 ……………………………………………………………………………… (71)

# 第 4 章 非金属露天矿山新型开发模式研究 …………………………………………………… (73)
## 4.1 概 述 ………………………………………………………………………………………… (73)
## 4.2 某集中开采区 1 …………………………………………………………………………… (73)
  4.2.1 集中开采区概况 ……………………………………………………………………… (73)
  4.2.2 三维地质模型的构建 ………………………………………………………………… (75)
  4.2.3 矿山开采终了境界形态分析 ………………………………………………………… (79)
  4.2.4 矿山闭坑后迹地利用方向分析 ……………………………………………………… (81)
  4.2.5 可行的产业类型建议 ………………………………………………………………… (81)
## 4.3 某集中开采区 2 …………………………………………………………………………… (83)
  4.3.1 集中开采区概况 ……………………………………………………………………… (83)
  4.3.2 三维地质模型的构建 ………………………………………………………………… (84)
  4.3.3 矿山开采终了境界形态分析 ………………………………………………………… (88)
  4.3.4 矿山闭坑后迹地利用方向分析 ……………………………………………………… (90)
  4.3.5 可行的产业类型建议 ………………………………………………………………… (91)
## 4.4 新型矿产开发模式研究 …………………………………………………………………… (93)
  4.4.1 非金属露天矿山范畴 ………………………………………………………………… (93)
  4.4.2 非金属露天矿山开发模式发展历程 ………………………………………………… (93)
  4.4.3 传统非金属露天矿产开发模式的弊端 ……………………………………………… (94)
  4.4.4 非金属露天矿山生态修复研究 ……………………………………………………… (96)
  4.4.5 新时期矿产开发的发展趋势 ………………………………………………………… (98)
  4.4.6 基于水平分层的新型矿产开发模式提出 …………………………………………… (99)
  4.4.7 新型矿产开发模式推广路径 ………………………………………………………… (100)
## 4.5 新型矿产开发模式应用前景展望 ………………………………………………………… (102)

# 第 5 章 结论及建议 …………………………………………………………………………………… (103)
## 5.1 研究结论 …………………………………………………………………………………… (103)
## 5.2 建 议 ……………………………………………………………………………………… (103)

**主要参考文献** ……………………………………………………………………………………………… (105)

# 第1章 河北省非金属露天矿山现状

## 1.1 非金属露天矿山开发利用现状

### 1.1.1 非金属露天矿山采矿权开采的矿产种类

河北省现有采矿权中,非金属露天矿山采矿权数量占矿山采矿权总数约35%,非金属露天矿山主要矿种为建筑用白云岩矿、建筑石料用灰岩矿、水泥用石灰岩矿、熔剂用石灰岩矿和饰面用花岗岩矿等。各个矿种所占比例分别为:建筑用白云岩矿占比约19%;建筑石料用灰岩矿占比约17%;水泥用石灰岩矿占比约8%;熔剂用石灰岩矿占比约5%;饰面用花岗岩矿占比约5%;其余非金属露天开采的矿种占比约46%。

河北省非金属露天矿山现有采矿权矿种分布情况见图1-1。

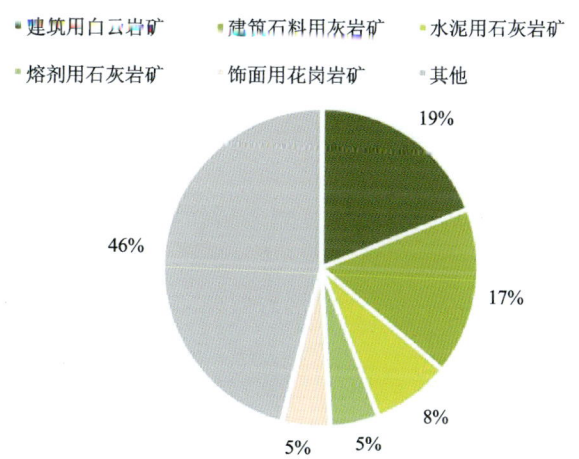

图1-1 河北省非金属露天矿山现有采矿权矿种分布情况图

### 1.1.2 非金属露天矿山建设情况

河北省非金属露天矿山企业分布相对集中,主要分布在河北省东北部、中部及南部等地区,大中型矿山比例大大高于全省非煤固体矿山平均水平;生产状态方面,大中型矿山筹建和停产状态矿山占比相对较少,生产矿山占比高于全省平均水平;在工艺技术和装备方面,建材及其他非金属露天矿山的整体水平一般,但个别大型矿山水平较为先进。

### 1.1.2.1 非金属矿山数量和分布

据不完全统计,全省非金属露天矿山企业占河北省矿山总数约 35%,主要分布于河北省东北部、中部及南部等地区。其中,以中小型矿山居多,大型矿山占比较少。

各矿种具体情况如下:

建筑用白云岩资源开发矿山占全省非金属露天矿山企业总数的 19%,主要分布于河北省冀东地区和冀中平原西部,两个地区数量占全省建筑用白云岩矿山总量约 74%。其余地区建筑用白云岩矿山数量相对较少。

建筑石料用灰岩资源开发矿山占全省非金属露天矿山企业总数的约 17%,主要分布于河北省冀中平原西部和东北部,两个地区数量占全省建筑石料用灰岩矿山总量的约 66%。其余地区建筑石料用灰岩矿山数量相对较少。

水泥用石灰岩资源开发矿山占全省非金属露天矿山企业总数的约 8%,主要分布于河北省冀东地区、东北部和中部,矿山数量占全省水泥用灰岩矿山总量的约 62%。其余地区水泥用灰岩矿山数量相对较少。

熔剂用石灰岩资源开发矿山占全省非金属露天矿山企业总数的约 5%,主要分布于河北省冀东地区及东北部,矿山数量占全省熔剂用石灰岩矿山总量的约 74%。其余地区熔剂用石灰岩矿山数量相对较少。

饰面用花岗岩资源开发矿山占全省非金属露天矿山企业总数的 5%,主要分布于河北省东北部地区,矿山数量占全省饰面用花岗岩矿山总量的约 68%。其余地区饰面用花岗岩矿山数量相对较少。

### 1.1.2.2 非金属矿山开采主要工艺技术和装备

非金属矿山露天开采按采出的矿石形态主要分两种:

一种是最终产品为不规则的块矿,主要采用水平分层台阶采矿法,分为缓帮或陡帮开采,开采工艺主要有穿孔、爆破、采装、运输、排岩,大型露天矿山台阶高度多为 12~15m,中、小型露天矿山台阶高度多为 10m。装备方面,主要穿孔设备为潜孔钻机,主要采装设备为液压挖掘机和中小装载机,部分大型矿山也采用电铲,主要运输设备为自卸汽车。

另一种是最终产品为石材荒料,同样为水平分层台阶采矿法,开采工艺主要有长条块石分离、翻倒、分割、移位、整形、吊装与运输、清渣,开采台阶高度根据开采设备不同一般在 1~2m 不等,最终台阶高度不大于 20m。装备方面,开采设备包括金刚石串珠锯、臂式锯石机、矿山圆盘锯石机、台架式凿岩机和火焰切割机,起重设备包括履带式起重机、轮胎式起重机、桅杆式起重机和叉装机。

下面分别以某水泥用灰岩矿和某花岗岩矿为例,简要说明露天采矿主要工艺情况。

1)某水泥用灰岩矿

(1)穿孔工艺。穿孔作业采用 ROCL6 型履带式潜孔钻机,孔径 150mm,打垂直炮孔,孔网参数 5.5m×4m,延米爆破量 27.5m³/m。钻机综合效率为 30 000m/台·a,另配有 1 台 SWDA165 型履带式潜孔钻机辅助作业。

(2)爆破工艺。生产台阶高 15m,采用深孔逐孔起爆,使用粉状乳化炸药,导爆管起爆,爆破工作白天进行。炮孔采用三角形布置,孔距 5.5m,排距 4.0m,炮孔超深 1.5m,填塞长度 4.5m。

(3)采装工艺。采用 3 台 VOLVO360B 型液压挖掘机及 1 台小松 Pc400 液压挖掘机进行采装作业,同时配备 1 台 CAT360 液压挖掘机用于边角、残矿的铲装,以及与液压破碎锤联合组成的二次破碎设备。

(4)运输工艺。生产期选用载重32t自卸翻斗车与挖掘机相匹配,铲车数量为8台。

(5)其他开采参数。开采台阶高度15m,工作面台段坡面角75°,最小工作平台宽度40m。

2)某花岗岩矿

(1)分离。主要采用盘式锯石机与绳锯机结合的采矿工艺。

选用SDJ-3500B型盘式锯石机锯切,其直径为3500mm。沿采面工作线方向,每隔1~2.5m用锯石机切割一条沟槽(沟槽深1m,宽4cm)作为自由面,根据需要的荒料块度间隔一定距离锯切垂直于工作线方向的切槽作为另一自由面,分离下来矿石规格一般控制在2.5m³以下。

用盘式锯石机切割完垂直面后,采用SJ-30A型金刚绳锯机切割矿体水平面,将绳套入垂直面的切槽后,先进行设备轨道的铺设,轨道应与切槽平行,并用水平尺测量轨道平面水平度,最后吊运绳锯机至轨道上,挂好绳锯。接通水源,安装冷却水管,配置两根水管,一根设置在绳的入口位置,另一根设置在绳的出口位置,并随着切割进度需要不断调整进水位置及出水方向。

对于局部和端部未形成工作面的矿体,采用手持式凿岩机进行凿岩作业,采用人工打楔劈裂法进行开采,在沿矿体走向的一个水平面和矿体上部的两个垂直面上使用YT24凿岩机钻孔,凿岩采用湿式作业,孔距一般为0.2~0.4m,水平孔深1.0m,垂直孔深1.2m,钻孔完成后,将钢楔插入孔内,依次重复锤击,借钢楔的挤胀力分离矿体。

(2)装载。采用叉装机装载荒料。采用2台晋工JG761ET-26型叉装机装载荒料,1台叉装机可以同时兼顾2台锯石机的装载工作。叉装机最大载重可以达到12t,荒料最大规格为2.5m³。

(3)运输。每辆汽车最多可以运输3块荒料,即每辆汽车的有效载重为19.74t,矿山需配备2台25t平板汽车运输荒料。

(4)清渣。清渣工序是在荒料运走后,对作业场地留下的非荒料碎石进行清理,由于非荒料碎石质地坚硬,经过加工之后可以作为建筑碎石进行利用。

(5)其他开采参数。分台阶高度1m,生产台阶高度10m,并段后终了台阶高度20m。

## 1.1.3 非金属露天矿山资源综合利用现状

资源综合利用是指对矿产资源进行综合开发与合理利用的过程。包括对产生的各种废石等固体废弃物进行资源化再利用,对废水、粉尘等进行回收和合理利用,以减少对土地资源的压占和破坏,以及对大气、水和土壤的污染。通过资源综合利用,可以最大限度地充分利用各类资源,达到资源的可持续利用和环境保护的目的。

### 1.1.3.1 矿产资源"三率"情况

矿产资源"三率"是指开采回采率、选矿回收率、综合利用率。可直接查明的矿产资源与实际采山量、选出量、利用量之间的比例和矿产资源得到有效回收利用的程度,是反映矿产资源综合开发利用水平的综合性评价指标。

本次对非金属类矿山行业5年内的"三率"指标情况进行了统计汇总,按矿山开采的不同矿产种类及生产规模采用加权平均法进行了统计分析。

总的来说,全省矿产资源利用效率不断提高。通过制定"三率"考核指标和实施矿山整合,促使矿山向规模化、集约化方向发展,从而提高矿山整体管理水平。这些举措提高了矿山的生产效率、资源利用效率和环境保护水平,促进了矿山行业的可持续发展。

1)水泥用灰岩矿

开采回采率：全省水泥用灰岩矿均为露天开采。开采回采率平均为94%，其中2.08%矿山低于《矿产资源"三率"指标要求 第6部分：石墨等26种非金属矿产》（DZ/T 0462.6—2023）中石灰岩规定最低指标（90%），均为小型矿山。按开采规模统计，大型矿山开采回采率平均为95%，中型矿山平均为93%，小型矿山平均为92%。

综合利用率：水泥用灰岩矿山废石的综合利用率平均为80%，最高为100%，最低为76%。

2)建筑用石料矿

全省建筑用石料矿均为露天开采，以建筑石料用白云岩矿和建筑石料用灰岩矿为主。

开采回采率：开采回采率平均为92%。按开采规模统计，大型矿山开采回采率平均为95%，中型矿山平均为92%，小型矿山平均为90%。

综合利用率：废石综合利用率平均为90%，最高为100%，最低为85%。

3)建筑用石材矿

全省建筑用石材矿以饰面用花岗岩和饰面用大理岩为主。该建筑石材矿根据开采工艺，大多数采用"锯切法"，开采回采率较高。

开采回采率平均为95%。综合利用率平均为80%。

### 1.1.3.2 固体废弃物综合利用情况

非金属矿山固体废物主要为水泥用灰岩、建筑用石材矿剥离废石。这些废石大部分具有力学性能稳定、强度高等特点，目前主要作为砂石骨料等建筑材料。大块的废石，经过颚式破碎机破碎后筛分，可生产粒径为0.5~1cm、1~2cm、1~3cm、2~4.75cm等各种规格的建筑用碎石。根据相关政策，凡涉及剩余废弃土石料对外销售的，应由县级人民政府组织纳入公共资源交易平台进行销售，不得由项目承担单位、施工单位或个人直接销售。销售所得收益纳入本级人民政府财政账户，全部用于本地区生态修复，涉及社会投资主体承担修复工程的应保障其合理收益。

其他固体废弃物主要为石粉、泥粉，主要用途为收集后进行土地复垦和土壤改良。

### 1.1.3.3 废水利用情况

非金属矿山废水主要为生产过程中的废水。其综合利用方式主要是在生产废水处理系统中设置固液分离装置，将废水中颗粒物通过多级物理、化学方法进行有效分离；沉淀的污泥则通过机械脱水、干化，使固液分离，清水可以再次循环利用，实现废水零排放。

### 1.1.3.4 典型案例

以某水泥用灰岩矿为例。

矿山企业现有5条熟料生产线，熟料总生产能力达到750万t。该企业一贯秉承循环经济、节能环保、绿色发展的经营理念，入围"国家重点支持60家水泥工业结构调整大型企业"名单，并先后获得了"国家首批绿色工厂""高新技术企业"等多项殊荣，成为水泥行业率先通过产品、质量、职业健康安全、环境、能源、测量"六位一体"管理体系认证的企业。

矿石中无伴生有用组分。按照"减量化、再利用、资源化"原则，建立"低消耗、高产出、少排放、能循环、可持续"的矿山循环经济发展模式。

矿山通过规范开采、科学搭配、多方式利用，确保开采回收率达到98%以上，矿石贫化率控制在2%

以下,实现了资源的高效利用。开展"低品位石灰石梯级利用技术"研究,通过细化矿山开采,确定废石搭配比例,应用固体物料成分实时监测系统、风化石灰石及表层剥离土等,实现对灰岩矿剥离物、低品位矿石的充分利用,达到矿山废石的零排放。除剥离物外,生活垃圾焚烧后也用于水泥生产。矿山开采回采率达98%,废石利用率达100%。

矿山设有机制砂生产线,利用骨料生产线的副产品(0.3~0.5cm石屑)加工成机制砂,生产线产生的石粉一部分作为辅料进入水泥生产线,其他对外销售用作路基稳定层及机制砖的原材料,实现完全综合利用。

矿山有一体化污水处理设备,实现对废水的无害化处理,经处理后可达到排放标准。经处理后的水,全部用于绿化和防尘抑尘,无外排。

## 1.1.4 非金属露天矿山安全生产现状

### 1.1.4.1 安全技术措施

1)安全技术措施分类

非金属露天矿山尤其是大中型矿山,在生产的各个环节都制定并实行了严格的安全技术措施。从导致事故的原因来看,安全技术措施可以分为防止事故发生的措施和减少事故损失的措施。

防止事故发生的安全技术措施旨在通过约束和限制具体危险源头,防止其意外释放。具体措施包括消除危险源、限制能量或危险物质、隔离等。

减少事故损失的安全技术措施旨在防止意外发生的事故对人和物造成伤害,或减轻其影响。这类措施在事故发生后迅速控制局面,防止事故扩大,避免二次事故的发生,从而减少损失。具体措施包括隔离、设置薄弱环节、个体防护、避难与救援等。

此外,安全监控系统作为防止事故发生和减少损失的重要技术措施,是发现和预防矿山事故的关键手段。通过安装矿山监测监控系统,可以及早发现事故,获取事故发生和发展的数据,从而避免事故或减少损失。

2)安全技术措施计划

安全技术措施计划是矿山企业生产计划的一部分,是改善生产条件和有效防止事故及职业病的重要保障。为确保安全资金的有效投入,目前河北省相关部门加大了安全设施的专项审查和监管力度,部分非金属露天矿山企业单独编制了专门的安全技术措施计划。

《中华人民共和国安全生产法》,1956年劳动部、全国总工会颁布的《安全技术措施计划项目总名称表》,1963年国务院颁发的《关于加强企业生产中安全工作的几项规定》,1977年国家计委、财政部、国家劳动总局颁布的《关于加强有计划改善劳动条件工作的联合通知》,1979年国家计委、国家经委、国家建委颁布的《关于安排落实劳动保护措施经费的通知》,1979年国务院批转劳动总局、卫生部颁布的《关于加强厂矿企业防尘防毒工作的报告》,2006年财政部、国家安全监管总局颁布的《高危行业企业安全生产费用财务管理暂行办法》(财企〔2006〕478号)、《矿山安全法实施条例》等法规和文件中均对编制安全技术措施计划提出了明确具体的要求。

安全技术措施计划的项目范围包括改善劳动条件、防止事故、预防职业病、提高职工安全素质等技术措施,大体可分以下4类:

(1)安全技术措施是以防止工伤事故和减少事故损失为目的的一切技术措施,如安全防护装置、保险装置、信号装置、防火防爆装置等。

(2)卫生技术措施是改善对职工身体健康有害的生产环境条件、防止职业中毒与职业病的技术措施,如防尘、防毒、防噪声与振动、通风、降温、防寒、防辐射等装置或设施。

（3）辅助措施是保证工业卫生方面所必需的房屋及一切卫生性保障措施,如尘毒作业人员的淋浴室、更衣室或存衣箱、消毒室、妇女卫生室、急救室等。

（4）安全宣传教育措施是提高作业人员安全素质的有关宣传教育设备、仪器、教材和场所等,如安全教育室、安全卫生教材、挂图、宣传画、培训室、安全卫生展览等。

全省大中型非金属露天矿山基本能做到按照严格的流程编制安全技术措施,包括起草、编制、会签、审批、下达等程序,以及有效的实施和相关安全生产管理部门的监督检查,并在其过程中由专门技术人员建立相应的档案和记录。而一些小型或个体非金属露天矿山企业私挖乱采,盲目追求产量和效益,安全技术措施只是流于表面,应付检查,其内容漏洞百出,甚至存在由"矿老板"一人或非专业人员编制安全措施的现象,严重威胁矿山安全生产。

### 1.1.4.2 安全生产设施

根据国家安全生产监督管理总局(现为应急管理部)第75号令,为规范和指导金属非金属矿山建设项目安全设施设计、设计审查和竣工验收工作,根据《中华人民共和国安全生产法》和《中华人民共和国矿山安全法》,制定了金属非金属矿山建设项目安全设施目录。

矿山安全设施是矿山企业为了预防生产安全事故而设置的设备、设施、装置、构(建)筑物和其他技术措施的总称,是为矿山生产服务、保证安全生产的保护性设施。安全设施既有依附于主体工程的形式,也有独立于主体工程之外的形式。目录将矿山建设项目安全设施分为基本安全设施和专用安全设施两部分。基本安全设施是依附于主体工程而存在的,属于主体工程一部分的安全设施,是矿山安全的基本保证;专用安全设施是指除基本安全设施以外的,以相对独立于主体工程之外的形式而存在的,不具备生产功能,专用于安全保护作用的安全设施。

露天矿山建设项目基本安全设施包括露天采场、防排水、铁路运输、带式输送机系统的各种闭锁和电气保护装置、架空索道运输、斜坡卷扬运输、供配电设施、排土场(废石场)、通信系统中相关安全设施;专用安全设施包括露天采场、铁路运输、汽车运输、带式输送机运输、架空索道运输、斜坡卷扬运输、破碎站、排土场(废石场)、供配电设施、监测设施中相关安全设施,为防治水而设的水位和流量监测系统,矿山应急救援器材及设备,个人安全防护用品,矿山、交通、电气安全标志。

根据《中华人民共和国安全生产法》中关于建设项目安全设施"三同时"规定,河北省目前处于生产状态的大中型非金属露天矿山,根据其各自的矿山条件,均完成了安全设施设计,并通过审查,且由相应资质的施工单位,与主体工程同时进行了安全设施施工,并通过竣工验收,取得安全生产许可证后进行生产。

### 1.1.4.3 安全生产规章制度

安全生产规章制度指根据国家有关法律法规和行业标准,结合矿山企业自身生产经营的实际情况,以企业名义颁布的相关安全生产规范性文件。这些文件通常包括规程、标准、规定、措施、办法、制度和指导意见等。

安全生产规章制度是矿山企业贯彻国家安全生产法律法规和行业标准的行动指南,也是落实国家安全生产方针政策的重要文件。这些制度旨在有效防范生产和经营过程中的安全风险,保障从业人员的健康安全、财产安全和公共安全,并加强安全生产管理。

在长期的安全生产实践过程中,全省非金属露天矿山尤其是大型矿山按照自身的习惯和传统,形成了各具特色的、较为体系化的安全生产规章制度,主要包括综合安全管理制度、人员安全管理制度、设备设施安全管理制度、环境安全管理制度等。

综合安全管理制度主要包括安全生产责任制、安全管理定期例行工作制度、承包与发包工程安全管理制度、安全设施和费用管理制度、重大危险源管理制度、危险物品使用管理制度、消防安全管理制度、隐患排查和治理制度、防灾减灾管理制度、事故调查报告处理制度、应急管理制度、安全奖惩制度等。人员安全管理制度主要包括安全教育培训制度、劳动防护用品发放使用和管理制度、安全工器具的使用管理制度、特种作业及特殊危险作业管理制度、岗位安全规范、职业健康检查制度、现场作业安全管理制度等。设备设施安全管理制度主要包括"三同时"制度、定期巡视检查制度、定期维护检修制度、定期检测检验制度、安全操作规程等。环境安全管理制度主要包括安全标志管理制度、作业环境管理制度、职业卫生管理制度等。

同时,部分非金属露天矿山企业尤其是中小或个体矿山由于安全管理欠缺,未形成较为体系化的安全生产规章制度,甚至制定规章制度只是拘于形式,应付检查,未真正应用到指导约束矿山实际安全生产中去,往往容易导致生产安全事故的发生,这是全省乃至全国部分矿山存在的一个共性问题。

### 1.1.4.4 安全专职人员配备

生产经营活动的安全进行,除了必要的物质保障和制度保障外,还要从人员上加以保障。因此,对于危险性较大的矿山行业,应当有专门的人员从事安全生产管理工作,对生产经营单位的安全生产工作进行经常性检查,对检查中发现的安全生产问题及时进行处理,及时排除生产事故隐患。为此,《中华人民共和国安全生产法》对安全生产管理机构和安全生产管理人员的配置和职责作出了规定。

《中华人民共和国安全生产法》第二十一条规定:"矿山、金属冶炼、建筑施工、道路运输单位和危险物品的生产、经营、储存单位,应当设置安全生产管理机构或者配备专职安全生产管理人员。"

注册安全工程师是通过国家统一考试合格并取得执业资格证书后注册执业的人员,具有较高的素质,熟悉相关的安全生产法律法规、安全技术和安全管理知识。从 2002 年起,我国逐步推进注册安全工程师制度。

新修订的《中华人民共和国安全生产法》规定,危险物品的生产、储存单位,以及矿山、金属冶炼单位必须配备注册安全工程师从事安全生产管理工作。根据法律规定,矿山行业安全风险高,必须由注册安全工程师进行安全生产管理。这是一项强制性规定。

2023 年 9 月 6 日,中共中央办公厅、国务院办公厅发布了《关于进一步加强矿山安全生产工作的意见》,对矿山技术人员作出了明确规定:

(1)非煤矿山企业主要负责人,是本单位安全生产第一责任人。

(2)专职安全生产管理人员,要求从事矿山工作 5 年及以上,具有相应的非煤矿山安全生产专业知识和工作经验并熟悉矿山生产系统。

(3)专职的矿长、总工程师和分管安全、生产、机电的副矿长,以上人员应当具有采矿、地质、矿建(井建)、通风、测量、机电、安全等矿山相关专业大专及以上学历或者中级及以上技术职称。

(4)配备具有采矿、地质、测量、机电等矿山相关专业中专及以上学历或者中级及以上技术职称的专职技术人员。

(5)尾矿库应当配备水利、土木或者选矿(矿物加工)等尾矿库相关专业中专及以上学历或者中级及以上技术职称的专职技术人员。

目前,全省非金属露天矿山企业尤其是大中型矿山企业基本都设置了专门的安全管理部门,并配备了专职安全管理人员。根据调研统计,大中型非金属露天矿山专职安全管理人员基本均在 3 人及以上,并取得了岗位资格证书。部分矿山积极鼓励企业相关人员参加全国注册安全工程师执业资格统一考试,并进行注册,参与到本企业有关安全生产技术、管理等工作中,以进一步提高本企业的安全技术管理水平。

## 1.2 矿山生态环境及治理修复现状

矿产资源开发活动为国家经济发展提供资源保障和安全的同时,也带来了严重的生态环境问题,前期"重开发、轻保护"的不合理开发利用方式产生了较多生态环境问题,不仅造成土地资源压占损毁、地表植被破坏,还诱发矿区潜在地质灾害等问题。

为保护矿区人民的生命健康安全和维持生态环境的可持续发展,需要对遭受破坏的矿山进行生态修复。矿山生态修复主要指依靠自然力量或通过人工措施干预,对因矿产资源开发造成的地质环境破坏、土地占用损毁、植被破坏等问题,通过预防控制、自然恢复以及必要的工程治理等措施进行修复,达到地质环境安全稳定、损毁土地复垦利用以及生态逐步恢复的目标和效果。根据矿山环境问题的特点,按照治理技术的特征和针对的环境问题不同,矿山生态修复措施可分为工程治理措施、生态恢复措施、生物修复措施和矿山环境监测措施。

矿山生态修复模式不仅取决于修复矿山的破坏类型和破坏程度,而且还与所处地区的自然地理条件和土地开发适宜性、利用规划等因素有关,本着因地制宜、综合整治、宜耕则耕、宜林则林、宜渔则渔、宜草则草、宜工则工、宜景则景的原则,采用不同修复治理模式,实现最优化治理、恢复与利用。非金属露天矿山生态修复主要有矿山复绿、农业用地、建设用地、休闲公园、文化造景、边采边治6种适宜的生态修复治理模式。

### 1.2.1 矿山生态环境问题

露天矿山开采对生态环境造成的负面影响主要为土地占压及损毁、地形地貌景观破坏、水资源破坏和生物资源破坏等。

#### 1.2.1.1 土地占压及损毁

矿山在开发建设过程中大规模开挖山体、建设工业房屋、开采矿产等活动都会产生弃土废渣,其中的露天采场、废渣堆积物对土地资源的破坏最大。一方面露天采矿使地表土壤缺失,原有植被景观破坏,基岩裸露,大规模采掘活动致使地表破坏严重;另一方面大量废渣堆积严重占用土地资源,破坏原有生态环境。

矿山进行露天开采,采矿活动破坏地表原有植被、损毁原地形地貌、修建废渣弃土场、新建生产生活设施等导致矿山普遍存在水土流失现象。露天采场全面剥离后原地貌、自然景观、土地资源等严重破坏,土地的生态功能完全丧失。雨季时受到雨水滴落侵蚀,土壤内的营养成分会被带走。若遇到强降雨,矿区边坡同时受到水力侵蚀和重力侵蚀,并向内部进一步侵蚀,侵蚀的面积将随着时间逐渐增大,水土流失也将越来越严重。

#### 1.2.1.2 地形地貌景观破坏

露天矿山开采活动会直接影响矿区生态群落的稳定性与功能,地形地貌的破坏与生态群落稳定性的下降将会对矿区原有的景观质量造成巨大的改变。矿山开采活动破坏地表原有植物、损毁原有地貌、形成废渣弃土场、建设生产生活建筑等,使矿区及周边地区的地貌特征发生了较大改变,严重破坏了矿区及周边地区原始地形地貌景观。

露天采场严重破坏矿区地形地貌景观。采场不仅破坏了自然坡体的原始植被,而且采矿活动形成的大量裸露山体缺口,也会严重破坏自然景观。此外,露天采场在开挖作业时产生的裸露开挖面和高陡边坡也是露天采场生态修复中的难点之一。开采过程中破坏了矿区山地的原始地貌形态,地表坡度增大,表土覆盖层遭到剥离,土壤侵蚀模数增大,会导致矿区水土流失加快。开采过程中可能诱发的山体崩塌、滑坡和泥石流等地质灾害也会对整个矿区地形地貌景观以及人民的生命财产安全造成严重影响。同时,矿山开采过程中,还会损毁原有植被,导致大面积土地裸露,严重破坏了地形地貌景观、原有自然生态,历史遗留的次生裸地基岩裸露无表土覆盖,养分含量较低,自然恢复在短时间内难以完成。

#### 1.2.1.3　水资源破坏

水资源系统具有地表水和地下水的赋存、补给、径流和排泄等功能。露天矿山在开挖作业时产生的各类废水、废液及矿山地质环境问题将会直接或间接地使得水环境系统无法正常循环,破坏了其原有的稳定状态,导致水资源系统的功能受到影响。

露天矿山在采矿过程中产生的废水,主要为地面建设产生的废水和工作人员产生的生活污水。少部分矿山矿石中含有杂物,因加工生产排废造成水资源污染。这些污染物随地表径流或者地下渗流而迁移进入水土,造成区域水污染,并破坏土壤、植被。除此之外,矿山产生的粉尘也可对地表水造成一定影响。

矿山开采对地下水资源的影响与矿产种类、地形地貌、开采方式等有很大的关系,不同种类的矿山其地下水赋存方式、地形地貌特征等都有所不同,建筑材料类矿山均采用露天开采方式,对地下水资源的破坏程度较轻,大多不会导致地下水水位下降。大部分露天矿山周边无地表水分布,对地表水资源并无影响,且矿层位于当地侵蚀基准面以上,大气降水补给面较小,地表排泄较为通畅,雨季时矿山的边坡表面大都只是潮湿状态,未造成地下水水位下降,不会影响矿区及周围生产生活供水。

#### 1.2.1.4　生物资源破坏

矿山开采对生物资源的破坏主要表现在:采矿活动引起的生态环境问题导致生境碎片化、栖息地破坏、生物多样性损失等。地貌景观破坏、土地土壤破坏、地质灾害、水土环境污染等,这些生态环境问题的出现对矿区生物多样性的维持造成不良影响,特别是环境敏感区内矿山开采对生物多样性的影响是难以恢复的。据统计,我国采矿直接破坏的森林面积达 106 万 $hm^2$($1hm^2=10\ 000m^2$),破坏的草地面积为 263 万 $hm^2$。生物多样性丧失后,虽然某些耐性物种能在矿区实现植物的自然恢复,但由于矿山废弃地土层薄、微生物活性差,受损生态系统的恢复非常缓慢,通常要 50~100 年,即使形成植被,质量也相对低劣。因此矿区生物多样性的损失往往是不可逆的。

1)植物

矿山开采对植物多样性的影响主要是指对地表植被的破坏。由于矿山基建期的配套建设、开采期的矿石开采,可能会使矿区树木、草地被砍伐,直接破坏原有的植被,尤其是开采前的表层土的剥离,不可避免地破坏采区内的地表植被,并且这种破坏是长期的,只有待矿山开采终了后尚可恢复。另外,矿石堆场施工也会占压和覆盖植被,造成局部植被覆盖率下降。因此,矿山开采过程中不可避免地要对地表植被造成破坏,导致植物种类和数量减少。

2)动物

矿山开采破坏植被的同时,也破坏了原有生态环境及野生动物的栖息环境,加上矿山施工机械噪声及人员活动产生的影响,对周围动物的生活造成干扰,使它们的生活受到威胁而迁徙,远离矿山施工地周围,寻找新的栖息地。在直接影响区,动物将不会出现。因此,矿山开采建设将使矿区小型野生动物的类型及数量减少,严重的将导致死亡。

3) 微生物

相对矿山开采对动植物的影响,对微生物的影响是间接的。一方面,因矿山开采造成的景观破坏、土地资源的流失、动植物减少等,使得依存于土壤、动植物中的微生物不可避免地受到影响,其种类和数量会相应地减少。另一方面,因矿山开采导致水土环境污染、水位下降等生态环境的改变,严重地破坏生物生态群落和生态系统的平衡状态,会使土壤的pH值、磷、钾、铁、重金属含量等土壤指标发生改变,损坏了原本土壤微生物的生存环境,造成土壤微生物种类和数量减少。

随着矿山开采,矿区内生态系统逐渐遭到破坏,外围生态系统也因动植物资源量的减少而逐渐改变,原有生态系统功能减弱或丧失,生物多样性受到严重威胁。

#### 1.2.1.5 相关案例

根据相关通报,2021年,某市闭坑矿山环境治理恢复工作严重滞后,粗放开采问题突出,随意倾倒弃土弃石、洗砂废泥等现象普遍,矿区及周边晴天尘土漫天,雨天泥水横流,生态破坏和环境污染严重。现就生态破坏严重问题说明如下。

该市是花岗岩生产基地之一,花岗岩开采历史已有30余年。全市探明花岗岩储量约21亿 m³,共31座矿山,其中小型矿山16座。矿区总面积4.98km²,年生产规模118.15万 m³。

该市大部分矿山未严格按照开采设计进行阶梯形开采,长期"野蛮"开采,对矿山"开膛破肚",不分层垂直剥离,一些开采面垂直落差甚至达上百米,造成山体严重受损,生态破坏严重,复垦难度极大,安全隐患和地质灾害隐患突出(图1-2)。

图1-2 某花岗岩矿采取"一面墙"方式开采

该市花岗岩矿体利用率仅为20%左右,约80%成为废土废石。9座矿山只有1座按规范设置了弃土弃石场,其他均将废土废石直接倾倒于开采区域,造成矿区外大面积生态破坏,大量植被被毁,加之没有采取有效的降尘抑尘和水土保持措施，尘土飞扬，水土流失，严重影响周边群众生产生活。此外，历史产生的废土废石积存总量达1亿多吨，大多沿山体、沟谷等区域随意丢弃，影响周边生态环境。近年来，该市虽然推动了矿山固废的综合利用，但缺乏有效监管。一些矿山固废综合利用企业直接沿山体倾倒洗砂废泥（图1-3），造成新的环境污染和安全隐患。

图1-3　某矿采矿废土废石沿山体随意倾倒

## 1.2.2　矿山地质灾害

矿山地质灾害是指因为自然或人为产生的影响使得原有矿山的地形地貌特征遭到破坏，并导致矿区周边群众的生命财产受到损失，或生态环境遭到破坏的一类灾害类型。

由于历史原因，露天矿山矿业权范围划定不够合理，矿区边界往往按山脊线划分，开发利用形成高陡边坡，容易产生崩塌和滑坡等地质灾害。

露天矿山主要地质灾害为露天开采产生的边坡、废弃矿渣形成的边坡失稳引发的崩塌和滑坡，废弃矿渣的不合理堆放在暴雨状况下引发的矿渣泥石流等。

### 1.2.2.1　崩塌和滑坡

崩塌和滑坡是露天矿山最为多发的矿山地质灾害类型。崩塌和滑坡发生的机理与地形地貌条件、天气状况等因素有关，而针对露天矿山而言主要是因为长期、大规模的采矿活动。崩塌和滑坡灾害的发生主要有以下3点表现：①大规模的开采活动导致开挖面山体边坡发生滑坡；②露天采场边坡由于稳定性较差，发生崩塌和滑坡；③废弃矿渣的不合理堆放形成的松散堆积体边坡稳定性较差，极易发生坍塌。

露天开采形成的高陡边坡，在雨水、地质等作用下易发生失稳和崩塌。主要发生在露天采矿场中倾角较大的岩层顺层面开采时，遇到坡面陡立的情况而产生重力崩塌，进而造成人员伤亡、设备损失。2000年，某采石场曾发生了较为严重的崩塌事故。

滑坡灾害主要发生在露天采矿的高危坡堆土场和基岩高边坡临空地段，直接威胁着人们的生命安全。1957年鹿泉某石灰岩采石场和1998年卢龙县某采石场均由于降雨的渗入引发了滑坡，埋压设备，造成了较大的经济损失。

#### 1.2.2.2 泥石流

虽然露天矿山最主要的地质灾害是崩塌、滑坡,但在特殊条件下也会发生泥石流灾害。采矿倾倒的废弃矿渣为矿山泥石流的主要物质来源,采矿后使得矿山岩土体稳定性较差,极易产生岩石松动、崩塌以及裂隙,进而产生大面积的泥土和滚落石,为泥石流灾害的暴发提供了天然的固体物质。矿山在开采时产生大量废弃矿渣堆,其积聚速度是天然固体物质所无法比拟的。

水是泥石流的重要组成部分及搬运介质,其强大的冲击力还是泥石流产生的动力。废弃矿渣在降雨的时候吸收大量水分,当完全饱和后,常发生"小雨小泥石流""大雨大泥石流"的现象,降雨强度的大小对泥石流是否发生影响较大。此外,矿山在开采过程中地表的植物群落被大面积铲除,破坏了地表原有的稳定结构,其贮存雨水的能力也随之大幅度降低,雨水快速汇流集中,洪峰流量和洪水总量激增,发生泥石流的可能性也会提高。

泥石流灾害多发生在燕山和太行山山前一带建材、石料集中采区。排渣场无组织堆放,在遇瞬时强降雨时容易暴发泥石流灾害,堵塞河道,冲毁下游村庄,造成巨大的经济损失。如1996年鹿泉某采石场及上安某采石场均发生过较大规模的泥石流灾害,造成直接经济损失达7000余万元。

### 1.2.3 矿山生态修复措施

#### 1.2.3.1 国外矿山生态修复措施现状

世界上的矿产大国有美国、加拿大、澳大利亚、德国等,这些国家都非常重视矿山生态修复工作。

1)美国

美国的生态修复工作一直走在世界前列。美国建立了一套较为完善的土地复垦制度,形成了一套从联邦到州(省)的完整体系,并针对矿产资源的不同类型形成了不同的环境管理法律法规。立法较为详尽、明确,可操作性强。

(1)矿山土地复垦法。美国西弗吉尼亚州于1939年颁布了第一部《复垦法案》。后来,美国其他一些州政府也纷纷效仿。到1975年,美国有38个州制定了本州的土地复垦法规,其他各州也有自己的土地复垦的相应规定,但各州的规定不尽一致。针对矿山土地复垦,美国1977年出台了《露天采矿管理与恢复(复垦)法》(以下简称《复垦法案》)。《复垦法案》以法律的形式规定并建立了统一的露天矿管理和复垦标准,对新破坏土地实行边开采边复垦,同时要求对复垦以前废弃的土地进行治理。

(2)矿山土地复垦机构。矿山复垦的管理工作主要由内政部牵头。美国内政部露天采矿与恢复(复垦)办公室专管全国矿山的土地复垦工作。矿业局、土地局和环境保护署等部门协助对与本部门有关的土地复垦工作进行管理。各州资源部负责辖区内矿山的复垦工作。

(3)矿山环境恢复履约保证金制度。《复垦法案》规定,露天矿山生产者在采矿许可证颁发之前,应支付履约保证金。保证金是以生产者忠实地执行矿体开采满足复垦法的规定为条件的,包括管理计划、许可证和复垦计划。按照法律规定,许可证持有者在履行了保证金所覆盖的所有复垦或一个阶段的复垦以后,许可证持有者可以向管理当局提出退还全部或部分履约保证金的申请。

(4)生态恢复要求。美国土地复垦后并不强调农用,而是强调恢复破坏前的地形地貌。生态修复技术主要针对土壤、水体、植被3个方面。其中土壤修复技术有固化稳定化、污染物去除、污染阻隔3种,其中固化稳定化成本低,操作简单,效果明显。植被修复方面,常采用喷播,将土壤改良剂与植物种子混合喷播。植被修复通常配合土壤改良,在加利福尼亚峡谷硬岩矿废弃地,无机改良剂采用甜菜石灰,有

# 第1章 河北省非金属露天矿山现状

机改良剂采用木材废料和家畜粪便混合而成的堆肥,植被选择寒乡土草种,将尾矿区成功复垦为草地。

2)加拿大

加拿大是矿业大国,对于矿业开发结束后的矿山土地复垦十分重视,同时也有一套较为成熟的管理制度,矿区土地复垦与生态恢复贯穿于矿业活动的每一个环节。

(1)完备的法律体系。加拿大是联邦制国家,联邦政府没有专门的矿业法,与矿业活动有关的法律主要有《领土土地法》和《公共土地授权法》。根据联邦宪法规定,联邦和省政府分别有独立的立法权限。因此各省政府都制定了专门的法律,通常要求经营者必须提交矿山复垦计划,包括矿山闭坑阶段将要采取的恢复治理措施和步骤。

(2)矿山环境评估制度。加拿大将矿山环境视为可持续发展战略的重要方面,是办理采矿许可证的必备部分条件,在矿山投产前必须提出矿山环保计划和准备采取的环保措施。根据不同的矿山开发项目,运用的评估方式有4种:一是筛选,即对矿山提出的环保计划和措施进行筛选,适用于小型矿业项目;二是调解,对矿山开发可能产生的环境影响涉及当事人不多的矿业项目,由环境部指定调解人协调;三是综合审查,对矿山开发可能产生的环境影响,涉及多个部门或跨几个地区的大型矿业项目,必须由联邦政府组织综合审查;四是特别小组审查,适用于任何公众审查项目。

(3)全程矿区土地复垦工作。加拿大的矿区恢复工作贯穿矿山生产的所有阶段。在矿山开采前,必须对当时的生态环境状况进行研究并取样,获得数据并作为采矿过程中以及采矿结束后复垦的参照;在对矿区进行勘查阶段,管理部门也要正确引导,尽可能地减少这些活动对土地、水、植被、野生动物的影响;在采矿权申请阶段,矿山企业必须同时提供矿区环境评估报告和矿山闭坑复垦环境恢复方案。

(4)矿山恢复保证金制度。为保证复垦方案得以落实,加拿大部分省份法律规定矿山企业从取得第一笔矿产品销售款开始,就要提取复垦基金(或保证金)。对于保证金缴纳方式不同的省份还有不同的规定,有的可直接交给政府,有的交给保险公司或存进银行。

(5)废弃矿山信息系统。为全面掌握废弃矿山的情况,加拿大部分省份实行了建立废弃矿山信息系统的管理办法。该系统收集了所属区域所有的废弃矿山的有关情况,包括每个废弃矿山的遗址地理信息、废弃矿山主要组成部分的情况描述、推荐治理恢复方案的可能成本、需要治理程度的排序等。系统中的数据资料不仅包括存储在信息系统中的数字信息,而且还有多种纸质资料,如调查报告和备忘录等,以及已经发生治理活动的文件或随机的治理计划。该信息系统的建立有利于政府掌握废弃矿山及其对环境破坏的情况,有利于政府安排资金和组织力量对其破坏的环境进行统一治理。

(6)生态修复要求。在加拿大,闭坑复垦并不一定要求恢复原貌,而是因地制宜,采场夷平后改造成公园,原居民可回迁;露天坑可恢复为水库或鱼池。总的要求是不能低于原有的生态水平。

3)澳大利亚

澳大利亚矿山生态修复贯穿于矿业项目全过程。澳大利亚的矿山开发管理由中央政府确定立法框架,各州相对有较大权限,可以制定法律条文,内容有所不同。尽管如此,各州都规定土地复垦是矿山开发的一个重要内容。

(1)法律法规健全。澳大利亚与土地复垦有关的法律主要包括《采矿法》《原住民土地权法》《环境保护法》和《环境和生物多样性保护法》等。澳大利亚政府规定,任何经济活动必须遵守国家生态可持续发展战略,复垦应贯穿于矿业项目规划、实施和闭矿的全过程。矿产和能源委员会于2000年提出了闭矿战略框架,包括了土地复垦需遵循的五大原则。自上而下专门的组织管理机构共同使土地复垦贯穿于采矿的全过程,将矿业生产对环境的影响降到最低程度。

(2)综合目标控制和方案管理。澳大利亚政府对土地复垦的管理首先体现在土地复垦目标、标准的指导以及复垦方案的编制上。政府充分尊重土地所有者、社区和地方政府的利益诉求,在综合考虑复垦区域内的环境价值、原土地所有者的利用情况以及相邻土地利用方式的基础上,确定区域土地复垦总体目标,以减少社会成本、降低社会风险。

同时，政府要求矿山开采或开发前必须进行环境影响评价，编制详尽的复垦方案。企业提交的环境管理方案以土地复垦为主，包括水资源管理、土地复垦管理和污染防治。

(3) 全程监控和责任追究。澳大利亚政府加强土地复垦的过程管理和监控，督促矿山企业落实复垦责任。加强土地复垦年度计划管理，实施动态监控。实行土地复垦保证金制度，保证金缴纳面积为每年扩大开采的面积，并将已复垦面积按比例抵消破坏的土地面积以作为奖励。矿山企业在开矿前，要依法编制矿山环境保护和闭矿规划，申请环境许可证。取得许可证意味着企业接受了环境保护和土地复垦的"终身责任"，这种责任期限可能延续到采矿闭坑后的几十年，甚至更长。随着矿业权转移，责任也随之转移。

(4) 全程公众参与监督。为保障前期的公众参与和决策，政府将矿山企业与土地所有者的谈判环节作为颁发采矿权证的一个必要条件。土地权益的相关方和矿山企业共同决策复垦后土地的利用方向、复垦土地质量的检测指标和评价标准等。土地复垦全程都在公众的监督之下，矿山企业随时可能因为土地复垦和环境保护等方面的问题遭到公众起诉及政府处罚，这有效保障了土地复垦的质量成果。

(5) 土地复垦科研应用。澳大利亚有很多专门从事土地复垦的机构，如澳大利亚科工联邦土地复垦工程中心、柯廷技术大学玛格研究中心以及昆士兰大学矿山土地复垦中心等。这些研究机构与企业密切合作，一方面，矿山企业为科研机构提供了有效的科研资金，一个中等规模的矿山企业每年支付的科研经费达数百万澳元；另一方面，研究机构帮助矿山企业解决复垦现场亟待解决的问题，协助企业开展土地复垦监测工作。

4) 德国

德国十分重视环境保护工作。开展复垦工作从整体考虑生态变化和群众对环境的需要进行生态修复，形成了完整的景观生态重建实施体系。

根据德国《矿产资源法》，矿区景观生态重建和对矿产的勘探、开发和开采都属于采矿活动的一部分。该法对景观生态重建作了如下定义："重建是指在顾及公众利益的前提下，对因采矿占用、损害的土地进行有规则的治理。"重建并不是将土地恢复到开采前的状况，而是建设为规划要求的状况。景观生态重建是一个连续不断的过程，从对矿产的勘探和开采，直到优良而健康的环境在该区域内重新生成为止，使土地被赋予符合可持续发展要求的新用途。

德国的生态重建在发展过程中形成了比较完善的可操作体系。

一是保障体系——法律手段。德国的《联邦矿产法》是矿区重建重要的法律依据。该法对国家的监督权，矿山企业的权利和义务，受到开采影响的社区，其他机构和个人的权利和义务，取得矿产资源的勘探、开采和初加工等采矿活动许可证的条件等都作了规定，并对采矿活动结束后的矿区环境治理也作了规定。获得采矿许可证的企业既要对勘探、开发和开采煤炭负责，也要对矿区重建负责。该法规定，从事采矿活动的企业，有义务编制企业规划，并交上级主管部门审批。《联邦自然保护法》对矿区的生态重建起到了重要作用。该法的基本出发点是自然保护和景观维护，要求企业对所造成自然景观的破坏，通过土地复垦的方式进行恢复和治理，构造接近自然的景观。

二是控制体系——规划手段。控制体系主要为褐煤规划和企业规划。褐煤规划必须符合州规划的基本原则，并将联邦空间规划和州规划的目标作为其基本目标。褐煤规划只对景观生态重建作出框架性规定，具体实施是通过企业规划来完成的。

三是实施体系——技术手段。采掘机、运输皮带及推土机组成了露天矿区完整的采运系统。土地复垦也根据规划中规定的各种用途而采取不同的措施，从而使复垦后的环境能满足规划中的要求。德国矿区景观生态重建从最初的植树、绿化到多功能复垦区域的建立，经历了由简单到综合、由幼稚到成熟的过程。景观生态重建的理论研究也经历了3个阶段：以经济利用为主的矿区景观生态重建（土地复垦）的理论研究，以景观构造为主的理论研究，以可持续发展为主导思想的理论研究。

## 1.2.3.2 我国矿山生态修复措施现状

我国矿山生态修复经历了一个不断完善的过程。从最开始的只重复垦到后来复垦与地质环境保护同时抓,不断完善矿山生态修复制度,建立了矿山生态修复的有关制度体系和工作机制。

我国现行的关于矿山生态修复的法律法规大多分散在各个层次的法律文件和其他规范性文件中,包括《中华人民共和国环境保护法》《中华人民共和国水法》《中华人民共和国矿产资源法》以及实施细则、《中华人民共和国土地管理法》《中华人民共和国水土保持法》《地质灾害防治条例》《矿山地质环境保护规定》等。

从政策角度来说,我国于1989年实施《土地复垦规定》(国务院令第19号),该规定明确了土地复垦的内涵以及"谁破坏,谁复垦"的原则,该规定于2011年上升为《土地复垦条例》(国务院令第592号)。2009年,发布实施了《矿山地质环境保护规定》(国土资源部令第44号),该规定从地质灾害、含水层结构、地形地貌景观等角度丰富了矿区生态修复内容。2016年,发布了《关于加强矿山地质环境恢复和综合治理的指导意见》(国土资发〔2016〕63号),提出了开发式修复治理的市场化运作意见。

2019年我国对《土地复垦条例实施办法》(国土资源部令第56号)、《矿山地质环境保护规定》(国土资源部令第44号)进行修改,对矿区土地复垦和矿山地质环境治理两项内容开始统筹管理。

2019年12月,自然资源部印发了《关于探索利用市场化方式推进矿山生态修复的意见》,鼓励各地采取市场化运作模式推进废弃矿山生态修复,矿山生态修复工程实施的责任约束和激励机制不断完善。2021年11月,国务院办公厅印发《关于鼓励和支持社会资本参与生态保护修复的意见》(以下简称《意见》),从规划管控、产权激励、资源利用、财税支持、金融扶持等方面,向社会资本参与生态保护修复释放出政策红利。

2022年1月,财政部发布了《关于支持开展历史遗留废弃矿山生态修复示范工程的通知》(财办资环〔2021〕65号),以中央财政支持对生态安全具有重要保障作用、生态受益范围较广、属于共同财政事权的重点区域历史遗留废弃矿山进行生态修复治理。要求生态修复示范工程要体现整体性、系统性,技术路线要具有先进性,突出示范引领作用,突出对国家重大战略的生态支撑,着力提升生态系统质量和碳汇能力。

2023年4月,自然资源部办公厅印发《关于加强国土空间生态修复项目规范实施和监督管理的通知》(自然资办发〔2023〕10号),主要就各级财政资金支持和由自然资源部门牵头组织实施的国土空间生态修复如何规范实施和监督管理提出了要求。

为推进矿山生态修复工作实现高质量发展,保障矿山生态修复成果的可持续性,国家相关部门制定和发布一系列与矿山生态修复有关的技术规范与标准。土地复垦方面,2013年,发布了土地复垦编制系列规程,包括《土地复垦方案编制规程》第1部分通则、第2部分露天煤矿、第3部分井工煤矿、第4部分金属矿、第5部分石油气、第6部分建设项目、第7部分铀矿,并于2014年实施了《生产项目土地复垦验收规程》(TD/T 1044—2014),至此,土地复垦管理制度较完善。矿山地质环境保护方面,2011年,发布实施了《矿山地质环境保护与恢复治理方案编制规范》(DZ/T 0233—2011),2016年,发布了《矿山地质环境保护与土地复垦方案编制指南》,要求将土地复垦与地质环境合并编报,避免了费用的重复计算,且体现了生态修复应同时包含土地复垦和地质环境的思想。

近年来,一批专门针对矿山生态修复的国家和行业标准陆续发布,为矿山企业科学开展复垦修复、提高治理效果提供技术支撑。2022年7月,自然资源部发布了《矿山生态修复技术规范 第1部分:通则》(TD/T 1070.1—2022)、《矿山生态修复技术规范 第2部分:煤炭矿山》(TD/T 1070.2—2022)、《矿山生态修复技术规范 第4部分:建材矿山》(TD/T 1070.4—2022)、《矿山生态修复技术规范 第5部分:化工矿山》(TD/T 1070.5—2022)、《矿山生态修复技术规范 第6部分:稀土矿山》(TD/T

1070.6—2022)《矿山生态修复技术规范　第7部分:油气矿山》(TD/T 1070.7—2022)6项行业标准。自然资源部于2024年4月底发布了《煤矿土地复垦与生态修复技术规范》《金属矿土地复垦与生态修复技术规范》《石油天然气项目土地复垦与生态修复技术规范》和《矿山土地复垦与生态修复监测评价技术规范》4项国家标准,旨在规范煤矿、金属矿、石油天然气项目生产矿山生态修复工作,以及生产矿山生态修复过程中的监测评价工作。这是全国首批专门针对正在生产矿山生态修复的国家标准,对生产矿山"边开采、边修复"提出要求,填补了该领域空白。2024年6月,自然资源部发布了《矿山生态修复工程验收规范》(TD/T 1092—2024)、《矿山生态修复工程实施方案编制导则》(TD/T 1070.3—2024)和《矿山生态修复技术规范　第3部分:金属矿山》(TD/T 1070.3—2022)等3项行业标准。这些标准文件规范了矿山生态修复技术方法和工作流程,基本涵盖了矿山生态修复的工程实施、成效评估、监测评价等各个环节,对一些关键修复技术如土壤重构、植被重建、水环境治理等已形成原则性标准,对矿山生态修复起到重要的"标准化指导"作用,也对加快推进国土空间生态修复具有重要意义。

2023年12月,自然资源部发布了《国土空间生态修复创新适用技术名录(第一批)》,名录涉及山水林田湖草沙一体化生态保护修复等7个领域的31项技术。其中涉及11项技术矿山生态修复领域,如矿山岩质高陡边坡治理技术、高陡边坡植生孔生态修复成套化解决技术与产品等。用名录方式推广优秀的生态修复技术,提升生态修复科学化、专业化能力水平。

#### 1.2.3.3　矿山生态修复技术措施

根据矿山环境问题的特点,按照治理技术的特征和针对不同的环境问题可分为工程治理措施、生态恢复措施、生物修复措施和矿山环境监测措施。其各自原理特点、适用范围等叙述如下。

1)工程治理措施

工程治理措施沿用岩土工程和地质工程中常用的较成熟技术,主要目的是使地质结构、水文地质结构和岩土体结构发生变化,从而增强地质环境稳定性。主要治理对象是矿山环境中的非稳定地质体,具体包括天然及人工边坡失稳以及水文地质结构破坏等。工程治理技术措施主要包括地质体加固技术、改造技术与水文地质结构改造或修复技术。详见表1-1。

表1-1　矿山环境工程治理技术措施

| 类型 | 治理方法 | | 原理与特点 | 适用范围 |
| --- | --- | --- | --- | --- |
| 地质体加固技术 | 支挡法 | 拦渣坝 | 在废弃物附近修建拦渣坝,防止废弃物扩散,起到拦挡、过滤作用 | 排土场、渣堆、尾矿库等形成的矿山泥石流的防治和削弱 |
| | | 重力挡墙 | 是依靠墙身自重抵抗土体侧压力的挡土墙,优点是就地取材,施工方便,经济效果好 | 渣堆、排土场等固废堆积体坡角以及绿化覆土区域的边缘 |
| | | 加筋挡土墙 | 在土中加入拉筋,利用拉筋与土之间的摩擦作用,改善土体的变形条件和提高土体的工程特性 | 适用于填方段斜坡及小型滑坡前缘压脚支挡 |
| | | 抗滑桩 | 被动支挡结构,穿过滑坡体深入滑床的桩柱,用以支挡滑体的滑动力从而稳定边坡。土方量小,费用高,工期短 | 适用于浅层和中厚层的滑坡 |

续表 1-1

| 类型 | 治理方法 | | 原理与特点 | 适用范围 |
|---|---|---|---|---|
| 地质体加固技术 | 护坡法 | 框格护坡 | 采用混凝土、浆砌片石、卵石等做骨架,框格内宜采用植物防护或其他辅助设施 | 适于土质、风化岩石边坡及较陡岩质边坡 |
| | | 注浆加固及喷混护坡 | 通过对滑带压力注浆,从而提高其抗剪强度及滑体稳定性 | 适于岩性滑坡、崩塌堆积体及松动岩 |
| | | 干砌石护坡 | 增强边坡完整体与稳定性,采用干砌石进行坡面简单防护 | 适于易受水流侵蚀的土质边坡 |
| | | 浆砌石护坡 | 增强边坡完整体与稳定性,采用浆砌石进行坡面简单防护 | 适于边坡缓于 1∶1 的土质或岩质边坡 |
| | | 锚杆(索)支护 | 锚杆(索)、钢筋网和混凝土层共同作用提高边坡结构强度和抗变形刚度,增强边坡整体稳定性 | 适于边坡裂隙发育及坡面不平整岩质边坡 |
| | | 格构锚固护坡 | 利用浆砌石、现浇钢筋混凝土或预制力进行坡面防护,并采用锚杆或锚索固定的一种抗滑措施 | 适于道路、广场或其他建设用地地段的边坡 |
| | | 预应力锚索抗滑桩 | 一端嵌固、一端支承的空间抗滑结构,增强抗滑结构的稳定性。能充分发挥边坡岩体自稳能力 | 适于山体开裂、非稳定边坡 |
| 地质体改造技术 | 谷坊 | | 横筑于易受侵蚀的小沟道或小溪中的小型固沟、拦泥、滞洪建筑物,高度在 5m 以下 | 适于治理泥石流 |
| | 拦砂坝 | | 通常为坞工重力式结构,拦蓄泥沙,调节下泄泥石流的流速、流量和规模,降低其危害作用 | 适于治理泥石流 |
| | 格栅坝 | | 拦蓄泥石流中粗大颗粒,排走泥沙、细砂和流体中的自由水,达到水土分离 | 适于稀性泥石流和水石流防治 |
| 水文地质结构改造或修复技术 | 排水 | 明沟排水 | 排水沟应布置在低洼地带,并尽量利用天然河沟,采取自排方式排放 | 适于治理岩溶塌陷、滑坡、泥石流 |
| | | 围堤挖沟 | 地势较低塌陷区外围开挖横截地表径流的沟渠,避免降雨汇入塌坑,并排除积水 | 适于崩塌密集地段 |
| | | 渗水盲沟 | 滑坡体表层有积水湿地和泉水露头时,将排水沟上端做成渗水盲沟,疏干湿地内上层滞水 | 适于治理滑坡 |
| | | 排水隧硐 | 拦截滑体后部深层地下水,将横向拦截排水隧硐修于滑体后缘滑动面以下,垂直地下水流向 | 适于治理滑坡 |
| | | 支撑盲沟 | 对小型滑面浅埋滑坡,用支撑盲沟排除滑坡体地下水。施工简便,并可起到抗滑支撑作用 | 适于治理滑坡 |
| | 分水 | 分水系统 | 将采矿废水与其他含水体分开,采用不同途径排放,防止采矿废水扩散。治理效果明显 | 适于处理采矿废水 |

2）生态恢复措施

生态恢复措施主要治理采矿过程中，损毁土地，破坏植被、地形地貌景观等问题，主要目的是恢复生态环境。既要用工程措施恢复被破坏的生态系统功能，又要充分发挥生态系统本身的恢复功能。可以分为自然修复与人工辅助修复两种类型，主要有植被修复技术和生态修复技术等（表1-2）。

表1-2 矿山环境生态恢复治理技术措施

| 治理方法 | | 原理与特点 | 环境问题 | 适用特征 |
| --- | --- | --- | --- | --- |
| 植被修复技术 | 人工生态林 | 选择合适树种，确定合理的配置参数，复绿效果好，场地要求高，造价高 | 景观地貌破坏，水土流失，扬尘 | 排土场、开采平台、坑底等较大区域绿化 |
| | 人工灌木林 | 利用灌木植被对矿区进行固坡、护土，改善土壤条件 | 景观地貌破坏，水土流失，扬尘 | 干旱地区矿山生态修复 |
| | 土工网垫 | 利用三维结构网固定土和草，提高边坡的整体和局部稳定性，且有利于边坡植被的生长，造价低，施工快 | 景观破坏，山岩裸露，边坡稳定 | 适于较缓山岩边坡、排土场、渣堆边坡 |
| | 草栅格 | 利用人工草栅格有效固沙护坡，主要为植被修复，造价低，施工快 | 土地沙化、水土流失、扬尘污染 | 适于平缓区域绿化，干旱区域土地沙化等 |
| | 格构护坡 | 利用浆砌块石、现浇钢筋混凝土或预制预应力混凝土进行边坡坡面防护，并利用锚杆或锚索加以固定后绿化 | 景观植被破坏，水土流失，边坡稳定 | 适于较缓边坡绿化，如尾矿坝坝体，造价高 |
| | 客土喷播 | 将具有保水性、保肥性、透水性、透气性、抗雨蚀和风蚀特点的混合材料喷播在处理后的边坡上，再喷洒植物种子 | 景观破坏，山岩裸露，水土流失 | 适于坡度较陡且雨水较多区域的岩质边坡绿化 |
| | 植生孔绿化 | 在坡面打孔、在孔中进行绿化 | 景观破坏，水土流失，边坡稳定 | 适于坡度较陡的土质边坡绿化 |
| | 鱼鳞坑绿化 | 在坡面上挖掘有一定蓄水容量、交错排列、类似鱼鳞状的半圆型或月牙型土坑，坑内蓄水，植树绿化 | 景观破坏，山岩裸露，水土流失 | 适于实现较缓岩石边坡的植树绿化，无需大面积覆土 |
| | 草毯绿化 | 利用由植物纤维（椰丝、秸秆）、双层护网构成的草毯进行护坡和绿化 | 景观破坏，水土流失，边坡稳定 | 适于小型覆土困难的边坡绿化 |
| | 飘台绿化 | 人为在坡面修砌飘台，飘台内覆土后进行绿化 | 景观破坏，山岩裸露，水土流失 | 适于大面积高耸岩石边坡绿化 |
| | 抗冲生物毯绿化 | 一种复合纤维织物与多样化草种、配套养护材料、加筋网一体化材料 | 景观破坏，山岩裸露，边坡稳定 | 适于陡峭、长期受雨水冲蚀的岩石边坡绿化 |
| | 植被混凝土绿化 | 采用特定的混凝土配方和种子配方，对岩石边坡进行防护和绿化 | 景观破坏，山岩裸露，边坡稳定 | 坡度较陡的稳定岩石边坡绿化 |
| | 植生袋绿化 | 将装满植物生长基质的生态袋层层堆叠，并进行连接固定，牢固护坡后，在袋面喷播或栽植植物 | 景观破坏，山岩裸露，水土流失 | 坡度较陡的稳定岩石边坡绿化，造价低，可就地取材 |

续表 1-2

| | 治理方法 | 原理与特点 | 环境问题 | 适用特征 |
|---|---|---|---|---|
| 生态修复技术 | 人工湿地法 | 人工构建或改造为湿地生态系统,引入适宜的植被、动物等 | 水土流失、土地沙化 | 适于水体丰富或存在水体污染区域 |
| | 人工湖法 | 按生态学原理对矿山内水面和土地进行生态修复,集约度高,初期投资大 | 水土流失、土地沙化、地貌改变 | 属于水体丰富、高潜水位区域 |
| | 自然修复法 | 利用生态自然演替规律,工程治理完成一定时间段生态环境自然修复 | 水土流失、土地沙化、扬沙 | 有恢复能力的矿山排土场、渣堆等 |

3)生物修复措施

生物修复措施主要针对污染类环境问题,所起的作用不在外部结构,而在内部性质,其关键作用是改变矿山环境中遭受污染严重的土壤的化学成分,采用生物措施去除或钝化土壤污染物。

常用的生物修复技术可分为原位生物修复技术和异位生物修复技术(表 1-3)。

表 1-3 矿山环境生态修复治理技术措施

| | 治理方法 | 原理与特点 | 环境问题 | 适用特征 |
|---|---|---|---|---|
| 原位生物修复技术 | 生物通气 | 将氧气流导入不饱和土层中,增强土著细菌活性,促进土壤中有机污染物自然降解 | 土壤有机物污染 | 有机污染土壤 |
| | 空气注射 | 将空气压入饱和层中,使挥发性污染物随气流进入不饱和层进行生物降解,同时促进饱和层的生物降解 | | 挥发性有机污染物和燃油污染土壤 |
| | 投菌技术 | 向被污染土壤投入外源的污染降解菌,提供细菌生长所需养分 | | 需提供外源细菌生长所需营养物质土壤 |
| | 土壤耕作 | 利用耕翻土壤,补充氧和营养物质以提高土壤微生物的活性,促进污染物生物降解 | 土壤重金属污染、土壤有机物污染 | 通透性较差、污染较轻且污染物易降解土壤 |
| | 植被品种筛选 | 针对不同类别污染及污染程度选取对应的生态型植被吸收重金属元素或污染物,改善土壤肥力,降低污染程度 | | 利用植物生长吸收作用去除污染物土壤 |
| 异位生物修复技术 | 预制床技术 | 在预制床内铺石子、砂子,将污染土壤平铺于预制床,加营养液和水、表面活性剂,定期充氧翻动,以完全清除污染物、减少污染物的迁移 | | 清除土壤中污染物 |
| | 堆肥处理 | 将挖出的污染土壤堆成长条形,添加必要的养分和水分、表面活性剂,使土堆内的条件最优化而促进污染物的生物降解 | 土壤有机物污染 | 易腐殖质转化和降解的有机物污染 |
| | 生物反应器 | 将挖出的土壤加水制成浆状,与降解微生物和营养物质在反应器中混合,添加适量表面活性剂或分散剂,促进吸附的有机污染物解散 | | 满足微生物降解所需最适宜条件 |

4)矿山环境监测措施

矿山环境监测可以了解矿山地质环境问题及其危害,观测矿山地质环境的变化,预评矿山环境发展趋势,为合理且有效地开发矿产资源、维护矿山地质环境,以及矿山生态环境的恢复和整治提供理论基础,也是地方政府建立矿山环境保护与治理责任监督体系的重要基础性工作。

主要目的:通过不稳定边坡监测工作,对露天采场边坡、有隐患的固体堆放边坡、工程边坡等进行监测,及时掌握边坡的稳定性,保障安全;通过地下水水位、水质监测工作,系统了解矿山开采活动对含水层和地下水环境的污染情况,为含水层保护和水环境污染治理提供数据支撑;通过地形地貌景观监测工作,及时掌握矿山活动对地形地貌景观破坏情况并采取相应措施;通过土壤污染监测工作,定期采样和化验分析,了解矿山活动对矿区周边土壤的污染情况,为土壤保护提供依据;了解土地复垦的效果,监测复垦后耕地、林(果)地、草地等土壤质量,植物生长和配套设施完好情况。检验矿山生产中遭到损毁的土地是否得到了"边损毁、边复垦",是否达到了土地复垦方案提出的目标和国家规定的标准,判断项目复垦工程技术合理性,以便及时对土地复垦工程进行修改或完善。

(1)监测对象。

参照《矿山地质环境监测技术规程》(DZ/T 0287—2015),监测对象包括废气及粉尘、噪声、地下水环境背景、土壤环境背景、地形地貌景观破坏、不稳定边坡、地下水环境破坏、土壤环境破坏、土地复垦监测等(表1-4)。

表1-4 矿山地质环境监测对象

| 生产阶段 | 重点保护方面 | 开采方式 | 开采矿种 |
| --- | --- | --- | --- |
| | | | 非金属监测对象 |
| 在建 | 露天环境背景 | 露天开采 | 废气及粉尘、噪声、地下水环境背景、土壤环境背景 |
| 生产 | 矿山环境现状 | 露天开采 | 废气及粉尘、噪声、地形地貌景观破坏、地下水环境破坏、不稳定边坡、土壤环境破坏、土地复垦监测 |
| 闭坑 | 矿山环境治理成效 | 露天开采 | 废气及粉尘、噪声、地下水环境恢复、土壤环境恢复、地形地貌景观恢复、土地复垦监测 |

(2)监测要素及监测方法。

监测要素一般根据监测对象来确定。地下水监测要素为水位和水质;土地环境破坏监测主要为土壤重金属;不稳定边坡监测要素为崩塌、滑坡;地形地貌景观破坏主要监测剥离岩土规模;土地复垦监测主要为土壤质量监测和复垦植被效果监测等。其监测方法见表1-5。

表1-5 矿山环境监测方法及其仪器一览表

| 监测分类 | 监测要素 | 监测方法 | 监测仪器及数据类型 |
| --- | --- | --- | --- |
| 地质环境监测 | 边坡变形 | 水准测量法 | 水准仪、全站仪 |
| | | GPS定位法 | GPS定位系统 |
| | | 激光扫描法 | 三维激光扫描仪 |
| | | 测距法 | 土体沉降仪、激光测距仪、钢尺 |
| | | 测缝法 | 裂缝计、卡尺 |
| | | 干涉雷达法 | 高分辨率的InSAR数据 |
| | | 应变测量法 | 光纤应变计、埋入式振弦应变计 |

续表 1-5

| 监测分类 | 监测要素 | 监测方法 | 监测仪器及数据类型 |
|---|---|---|---|
| 地质环境监测 | 地下水水位 | 手动监测法 | 测量绳、测钟、万用表 |
| | | 自动监测法 | 自动监测及自动传输仪 |
| | 地下水水质 | 现场测试法 | 便携式水质测定仪 |
| | | 采样送检测试法 | 采样器、添加药品、水样容器 |
| | 土地压占规模 | 水准测量 | 水准仪、全站仪 |
| | | GPS | 定位法、GPS 定位系统 |
| | | 遥感影像监测法 | 全色多光谱捆绑数据，空间分辨率 2.5m 或优于 2.5m，激光扫描法，三维激光扫描仪 |
| | | 摄影、录像法 | 照相机、录像机 |
| | | 现场测试法 | 便携式测定仪 |
| | | GPS | 定位法、GPS 定位系统 |
| | 植被损毁面积 | 遥感影像监测法 | 全色多光谱捆绑数据，空间分辨率 2.5m 或优于 2.5m，激光扫描法，三维激光扫描仪 |
| | | 摄影、录像法 | 照相机、录像机 |
| | | 水准测量 | 水准仪、全站仪 |
| | | GPS | 定位法、GPS 定位系统 |
| | 岩土剥离规模 | 激光扫描法 | 三维激光扫描仪 |
| | | 摄影、摄像法 | 照相机、录像机 |
| 土地复垦监测 | 土壤项目监测 | 地面坡度(°) | 地测法 |
| | | 覆土厚度(m) | 地测法(多点) |
| | | 地面平整度(m) | 地测法 |
| | | 土壤质地 | 干试法/湿试法 |
| | | 土壤有机质(%) | 土壤有机质测定法 |
| | | 土壤砾石含量(%) | 筛分法 |
| | | 土壤 pH | 电极测定法 |
| | | 土壤含盐量(%) | 电导法、残渣烘干法 |
| | 复垦植被效果监测 | 林(果)草成活率(%) | 实测样方法、计算法 |
| | | 植物长势(株高等) | 实测样方法 |
| | | 种植密度(林果)(株/hm²) | 实测样方法、计算法 |
| | | 郁闭度(造林)(%) | 实测样方法、计算法 |
| | | 覆盖度(种草)(%) | 测量法 |
| | | 林果产量、产草量(kg/hm²) | 实测样方法、计算法 |

#### 1.2.3.4 矿山生态修复模式

矿山环境是受到各方面因素制约的复杂系统,矿山环境效应的突出特点是具有高度叠加性,单一的工程治理措施不能应对复杂的系统问题。对一座矿山环境治理一般需要多种治理模式、工程措施的组合。矿山环境治理模式应当目标明确、针对性强、技术先进、经济合理。由于矿山环境是一个复杂的开放系统,矿山环境问题具有复杂性、叠加性、综合性、多边性等特点,矿山环境效应的产生是多方面因素促成的,因此,有效的矿山生态修复模式采用系统工程才能达到预期效果。

针对矿产资源开发现状及存在的矿山环境问题,根据矿山环境影响程度、矿山环境问题类型的差异、矿山区位差异,本着因地制宜、综合整治、宜耕则耕、宜林则林、宜渔则渔、宜草则草、宜工则工、宜景则景的原则,采用不同修复治理模式。矿山生态修复治理模式因目标不同而有所区别,根据矿山生态修复的预期效果,参照《河北省矿山地质环境治理模式》确定 8 种矿山生态修复治理模式:矿山复绿模式、农业用地模式、建设用地模式、空间再利用模式、休闲公园模式、文化造景模式、边采边治模式、矿山公园模式等,并根据矿区不同的部位确定不同的工程治理措施、生物治理措施和生态修复措施等。

针对非金属露天开采矿山,适宜的生态修复治理模式主要有矿山复绿、农业用地、建设用地、休闲公园、文化造景、边采边治 6 种模式。

1)矿山复绿模式

矿山复绿模式是指通过采取工程和生物措施,对采矿活动引起的矿山环境问题进行综合治理,使其达到地质环境稳定、消除矿山地质灾害、矿区得到绿化、生态得到恢复、景观得到美化的效果。矿山复绿模式是矿山环境治理的最基本模式。依据需要治理的不同矿山部位,矿山复绿模式包括 4 个模块,分别为采场边坡复绿模块、排土场边坡复绿模块、矿山压占地复绿模块、运输道路复绿模块等;根据不同的治理单元,又进一步分出 6 个子模块(表 1-6)。

表 1-6 矿山复绿模式一览表

| 治理模式 | 治理模块 | 治理子模块 | 工程措施 | 生物措施 | 适用矿山 |
|---|---|---|---|---|---|
| 矿山复绿模式 | 采场边坡复绿模块 | 土质边坡 | 坡率法、挡土墙、格构 | 草皮铺植、三维植被网、喷播、鱼鳞坑 | 露天矿山 |
| | | 岩质边坡 | 锚杆支护、挡土墙、抗滑桩、格构锚固、圬工防护、台阶式开采 | 石笼网垫护坡三维植被网、挂网客土喷播、挖沟植草(灌)、植生袋边坡植被、石笼网植+植生材、刻槽复绿、打孔植生复绿、骨架护坡 | 露天矿山 |
| | 排土场边坡复绿模块 | | 坡率法、格构、挡土墙 | 覆土绿化、鱼鳞坑 | 露天矿山 |
| | 矿山压占地复绿模块 | 采矿场 | 平整、覆土 | 一般植物措施绿化、混播 | 露天矿山 |
| | | 排土场 | | | |
| | | 生产加工场 | | | |
| | | 办公生活区 | | | |
| | 运输道路复绿模块 | | 路面硬化、消尘沟、消尘池 | 一般植物措施绿化、混播 | 所有矿山 |

针对矿山开采形成的采场、开采边坡、渣土场,以及加工场、运矿道路、生活管理区等,通过削坡、固坡、护坡以及平整、覆土、绿化等手段,达到美化、优化生态环境的效果。

# 第1章 河北省非金属露天矿山现状

2)农业用地模式

农业用地模式是指通过采取工程措施,对采矿场、排土场、生产加工场、办公生活区等矿山破坏土地进行综合治理,使其满足农用耕地要求,达到优化生态环境、土地再利用、提高土地利用价值和经济效益的效果。依据矿山不同造地部位,露天矿山农业用地模式主要包括矿山压占农业用地模块,根据不同的复垦单元,又进一步分出4个子模块(表1-7)。

表1-7 农业用地模式一览表

| 治理模式 | 治理模块 | 治理子模块 | 治理措施 | 适用矿山 |
| --- | --- | --- | --- | --- |
| 农业用地模式 | 矿山压占农业用地模块 | 采矿场 | 土地平整、覆土、道路、供水井、灌渠、供电、排水等 | 露天矿山 |
| | | 排土场 | | |
| | | 生产加工场 | | |
| | | 办公生活区 | | |

该模块指通过采取工程措施,对有一定规模的、具有复垦潜质的采矿场、排土场、生产加工场、办公生活区等进行综合治理,使其恢复生态环境,满足农用耕地要求,达到提高土地利用价值和经济效益的效果。

农业用地模式主要对具有一定规模的排渣场和露天采场进行平整、覆土以及修建配套设施,使其恢复生态环境,满足农用耕地要求,针对河北省非金属露天矿山"水平分层"式开采,大平台更有利于发展农业模式。

3)建设用地模式

建设用地模式是指通过采取工程措施,对采矿场、排土场、生产加工场、办公生活区等矿山破坏土地进行综合整治,使其成为各类建设用地,达到优化生态环境、土地再利用、使废弃矿山成为新的经济增长区的效果。依据矿山不同整治部位,建设用地模式包括2个模块;根据不同的整治单元,又进一步分出5个子模块。

(1)矿山压占建设用地模块。

该模块是指通过采取工程措施,对符合当地规划和有关政策的闭坑矿山进行综合整治,将矿山废弃地改造成为各类建设用地,达到构建土地新用途、优化生态环境、提升土地利用价值、增加经济效益的效果。

(2)陡峭岩壁合理利用模块。

该模块主要针对露天采矿所形成的高陡边坡等。首先,采用工程手段消除地质灾害隐患;然后,再根据自然条件,结合当地规划,进行合理开发利用,以期达到美化环境、增加经济效益的效果。在阳面岩壁上,可以根据当地光照情况和政府规划,进行光伏发电;若峭壁基岩整体性好,稳定性高,可根据实际情况建设攀岩基地等(表1-8)。

表1-8 建设用地模式一览表

| 治理模式 | 治理模块 | 治理子模块 | 治理方法 | 适用矿山 |
| --- | --- | --- | --- | --- |
| 建设用地模式 | 矿山压占建设用地模块 | 采矿场 | 土地平整 | 露天矿山 |
| | | 排土场 | | |
| | | 生产加工场 | | |
| | | 办公生活区 | | |
| | 陡峭岩壁合理利用模块 | — | 消除崩塌隐患 | 露天矿山 |

建设用地模式主要对渣土场、露天采场等地进行综合整治,使其符合建设用地标准。如张家口流平寺采石场废弃地整治成工业园区,也可建设墓地陵园。

4)休闲公园模式

休闲公园模式是本着以人为本的原则,对矿山破坏土地进行专业规划和设计,将矿山建设成为适于人类休憩、游玩、娱乐的休闲公园的矿山地质环境治理模式,以期达到美化环境、丰富居民精神生活、改善矿山生态环境的效果。露天采场休闲公园模块:居民聚集区附近的露天开采矿山可因地就势进行专业规划和设计,按休闲公园方式进行矿山地质环境治理建设,以期达到美化环境、丰富居民精神生活的效果(表1-9)。

表1-9 休闲公园模式一览表

| 治理模式 | 治理模块 | 解决的矿山环境问题 | 建设方法 | 适用矿山 |
| --- | --- | --- | --- | --- |
| 休闲公园模式 | 露天采场模块 | 地貌景观破坏、生态破坏 | 因地就势综合治理,专业规划设计,人造景观 | 城镇附近矿山 |

休闲公园模式主要针对渣土场、露天采场以及生活管理区,按休闲公园方式进行建设,以期达到美化矿区环境、丰富居民精神生活的效果。

5)文化造景模式

文化造景模式是采取工程措施,主要针对露天采矿所形成的、不易绿化的高陡边坡、残山等进行治理,通过在岩壁上雕塑、摩崖石刻、写字、作画等,建立文化石刻长廊,以期达到美化环境、改善矿区生态条件的效果。这种治理模式采用景观设计、再造手法会给矿山地质环境治理工作带来积极影响:一是降低了工程治理、植被修复与保养的资金投入;二是将矿产资源的利用转变为旅游资源的利用,达到变废为宝,实现"循环经济"理念;三是使人为景观与周边环境融合协调,优化生态环境。文化造景模式包含2个模块。①采场边坡文化造景模块:露天开采矿山常常形成高陡边坡,不易绿化,工程治理难度大、费用高,通过在岩壁上雕塑、摩崖石刻、写字、作画等,建立文化石刻长廊,或将宣传标语、大型广告幕布等利用钢架和锚杆固定于坡面之上,以期达到美化环境、改善矿区生态条件的效果。②采矿残山文化造景模块:主要对采矿残留的奇形怪状、形态各异的采石掌子面、孤立山体采用"复绿留景修饰",随山就势,应景改造,使残山融留景、添景和造景于一体(表1-10)。

表1-10 文化造景模式一览表

| 治理模式 | 治理模块 | 解决的矿山环境问题 | 建设方法 | 适用矿山 |
| --- | --- | --- | --- | --- |
| 文化造景模式 | 采场边坡文化造景模块 | 地貌景观破坏、生态破坏 | 因地就势在岩壁上雕塑、摩崖石刻、写字、作画等 | "三区两线"高陡边坡,绿化难度大的白茬山、掌子面 |
|  | 采矿残山文化造景模块 |  |  |  |

文化造景模式主要针对露天采矿所形成的、不易绿化的高陡边坡、掌子面、残山等进行治理,通过在岩壁上雕塑、摩崖石刻、写字、作画等,建立文化石刻长廊,以期达到美化环境、改善矿区生态条件的效果。

6)边采边治模式

边采边治模式是按照预防为主、防治结合、在保护中开发、在开发中保护、因地制宜、边开采边治理的原则,在矿产资源开发过程中科学规划、合理设计、采用先进的开采技术来防范矿山地质环境问题发生,再辅以必要的治理措施应对可能产生的矿山地质环境问题,以期达到矿山地质环境扰动最小化和恢复最优化的治理效果。依据矿山不同生产部位,露天开采边采边治模式包括2个模块(表1-11)。

# 第1章　河北省非金属露天矿山现状

表1-11　边采边治模式一览表

| 治理模式 | 治理模块 | 解决的矿山环境问题 | 治理方法 | 适用矿山 |
| --- | --- | --- | --- | --- |
| 边采边治模式 | 露天采场边采边治模块 | 地貌景观破坏、生态破坏 | 按照"开发利用方案"生产，及时对采矿形成的台阶、边坡进行削坡、加固、生态复绿 | 露天生产矿山 |
|  | 矿山压占地边采边治模块 | 地貌景观破坏、生态破坏 | 绿化、硬化等措施适时治理 | 露天生产矿山 |

（1）露天采场边采边治模块：矿山地质环境保护与恢复治理工程设计和施工与矿产资源开采活动同步进行。主要针对露天开采矿山形成的各类开采边坡、台阶进行治理、绿化。主要包括两方面内容：一是边坡的排险、加固，消除崩塌、滑坡等地质灾害隐患；二是植被绿化，充分发挥植被的固土、滞尘、涵水和改善气候的生态功能，创造良好的生态环境。

（2）矿山压占地边采边治模块：通过采取工程和生物措施，对采矿场、排土场、工业场地、办公生活区等进行适时平整、覆土、绿化、硬化，成熟一片，治理一片，达到美化、优化生态环境的效果。

## 1.2.3.5　河北省矿山生态修复措施及效果

1）河北省矿山生态修复相关政策规定

近年来，河北省深入贯彻习近平生态文明思想，牢固树立绿水青山就是金山银山理念，由点到线、由线到面，持续推进矿山环境综合治理、生态修复等工作。

河北省"十三五"前后印发了《关于加快推进生态文明建设的实施意见》《关于实施环境治理攻坚行动的意见》《关于印发〈河北省大气污染防治行动计划实施方案〉的通知》和《河北省露天矿山污染深度整治专项行动方案》。

为强力推进矿山综合治理工作，河北省先后印发制定了《关于改革和完善矿产资源管理制度加强矿山环境综合治理的意见》《关于严格控制矿产资源开发加强生态环境保护的通知》《加强矿产资源开发管控十条措施》《关于妥善处置"四区一线"内企业问题的指导意见》《关于深入开展重点领域清理规范的意见》《河北省露天矿山污染持续整治三年作战计划（2018—2020年）》等一系列政策机制，明确矿山综合治理原则、目标任务等重要内容。

2019年，河北省自然资源厅、财政厅和生态环境厅联合出台了《河北省矿山地质环境治理恢复基金管理办法》，建立了矿山地质环境治理项目专项资金制度，进一步规范了矿产资源勘查开发及地质环境治理项目专项资金的使用管理，为稳步推进矿山地质环境保护与治理工作奠定了良好的基础。

2020年，河北省制定了《河北省矿山综合治理攻坚行动方案》，严守生态保护红线、环境质量底线、资源利用上线，实施关停取缔、整合重组、修复治理、规范管控"四个一批"，全面清理整治规范矿产开发，综合治理责任主体灭失矿山迹地，推动全省矿山规范有序开采。

2020年3月，河北省自然资源厅印发了《河北省关于探索利用市场化方式推进矿山生态修复的实施办法》，将矿山生态修复与后续资源再利用、产业发展统筹考虑，明确了鼓励矿山土地综合修复利用、实行差别化土地供应、盘活矿山存量建设用地、合理利用废弃矿山土石料等支持政策，激发了社会资本参与矿山修复治理的积极性，增强了矿山修复治理统筹推进的合力。

2020年6月，河北省第十三届人民代表大会常务委员会第十七次会议通过了《河北省非煤矿山综合治理条例》，将矿山综合治理工作上升到地方性法规的高度，加大了非煤矿山生态修复工作力度。

2021年3月，河北省人民代表大会常务委员会通过《关于加强矿产开发管控保护生态环境的决定》，进一步规范了源头管控、生产过程中的治理措施，细化了矿产资源开发和生态环境保护、土地复垦等工作,明确了矿山生态修复、绿色矿山建设要求和标准,真正将全省矿山管控治理工作纳入规范化、法治化轨道。

2023年初以来,河北省自然资源厅全面推行非金属露天矿山开采专项整治工作,全力推进非金属露天矿山开采方法,从源头解决矿山生态修复难和安全生产条件差的问题。先后印发了《河北省露天矿山开采专项整治方案》《河北省非金属露天矿山水平分层开采法("横切"式)技术规定(试行)》《关于进一步规范非金属矿产露天开采管理工作的通知》等文件,科学推进全省非金属露天矿山实行水平分层开采法。

2)河北省矿山生态修复治理效果

河北省把矿山生态修复治理作为加强生态文明建设的重要组成部分,作为打赢蓝天保卫战、推进京津冀生态环境支撑区建设的重要抓手,强力持续推进,先后开展了露天矿山污染深度整治、露天矿山污染持续整治三年作战、矿山综合治理攻坚专项行动等工作,并陆续探索出"政府主导、政策扶持、社会参与、开发式治理、市场化运作"矿山修复新模式,有效改善了矿山生态环境。

通过"河北省露天矿山污染深度整治专项行动""河北省露天矿山污染持续整治三年作战计划""河北省矿山综合整治攻坚行动方案"和"2019—2020年河北省废弃矿山生态修复实施方案"等一系列整治行动的实施,2016—2020年间,河北省约400处有证矿山关闭退出,约600处通过停产整治环保达标,约3700处责任主体灭失矿山迹地,约600处有证矿山通过工程治理、自然恢复和转型利用等措施完成了综合治理。

2021—2023年,河北省持续推进生态修复治理。截至2023年底,60多家矿山列入全国绿色矿山名录。秦皇岛七里海潟湖湿地、沧州南大港湿地、邯郸紫山矿山等生态修复经验在全国推广。河北省各地将矿山生态修复与特色产业有机结合,实现社会效益、生态效益、经济效益多赢的良好局面。

3)矿山生态修复技术及创新成果

(1)河北省积极探索矿山生态修复综合治理模式。

根据河北省矿山地质环境背景和矿山环境问题,组织编制了《河北省矿山地质环境治理模式》《河北省矿山高陡边坡治理参考模式》《河北省露天矿山迹地岩壁覆绿关键技术研究与示范》《河北省露天矿山生态修复技术要求》等技术资料,总结国内国外矿山环境治理先进经验技术,探索创建了矿山复绿、农业用地、建设用地、空间再用、休闲公园、文化造景、边采边治、矿山公园8种矿山环境治理模式,总结了台阶式修复、平台式治理、微地形改造等多种治理方式,以及岩壁覆绿方式方法,初步形成了矿山生态修复治理的技术方法体系。

(2)积极采用创新技术方法解决矿山修复治理技术难题。把"三维影像技术"引入矿山地质环境治理勘查设计工作中,实现了矿山地质环境勘查及治理设计数据的可视化;把"二氧化碳致裂技术"引入矿山环境修复工程,实现了安全、环保的施工工艺;探索"白茬山"植被修复新模式,有效破解了矿山生态环境修复难题,"飘台绿化""飞挂土槽""韧带悬盆""客土喷播"等一系列"白茬山"治理技术方法获得多项国家专利。其中,"矿山岩质高陡边坡治理技术"入选了2023年自然资源部发布的《国土空间生态修复创新适用技术名录(第一批)》。该技术包括"飘台绿化""飞挂土槽""孔植绿化"和"挂网绿化创新技术"等治理技术,并申请6项实用新型专利。

(3)探索综合模式推进修复治理。探索矿山环境修复治理项目推进市场化勘查、设计、施工"EPC"总承包模式和残留资源回收利用模式,有效解决治理资金缺口大的困难,实现了可持续发展循环经济产业新模式。

(4)及时总结推广典型经验。比如:承德市创建绿色矿业发展示范区经验;秦皇岛市栖云山结合城市规划,推进矿山环境综合治理模式,浅野水泥"边开采、边治理"做法;唐山市椅子山矿山环境治理新技术、新方法试验成果;廊坊三河市引入社会资金治理露天矿山的经验;保定市涞源县建设矿山公园与发展矿山科普旅游相结合的治理模式;邢台市隆尧县石膏矿全面关闭整体恢复治理模式;邯郸武安市尊重群众意愿综合整治矿山环境的做法,紫山矿山环境综合治理经验等。

(5)创新矿山生态修复治理模式,采用"水平分层"式开采。"水平分层"式开采从源头解决矿山生态修复难和安全生产条件差的问题。传统的"纵切"露天采矿方法容易产生高陡边坡,不仅破坏环境,而且生态修复成本高,严重威胁着矿山安全;推行的水平分层开采法,开采终了形成宽平台,不留边坡或留设缓边坡,可统筹矿山开采期间及开采结束后与周边环境协调发展,降低生态修复成本,减少矿山安全隐患,提高资源利用水平,提升社会综合效益,对生态环境、安全生产、资源保护、保障供给、转型升级等方面起到促进作用,是科学高效安全的开采方式。

## 1.3 资源开发利用存在的主要问题及解决途径

### 1.3.1 存在的问题

(1)部分矿权设置不合理,影响资源利用率和生态修复效果。

多数非金属露天矿山的采矿权面积偏小,部分露天矿山矿区边界以山脊线划分,采矿权分散,集中度不高。引发如下问题:一是面积小的矿山不利于大型机械化作业,导致效率低,浪费部分资源;二是面积小,沿山脊线划界的矿山易形成高陡边坡,这些边坡多靠近矿区边界,难以削坡治理,增加安全风险和治理难度,严重破坏地形地貌景观;三是采矿权分散,加剧景观破碎度和生态修复难度,也增加政府监管难度。

(2)矿山规模结构仍有优化空间,支撑矿业高质量发展的大型、超大型矿山数量亟待提高。

全省矿山企业数量虽然大幅度减少,矿山规模结构得到显著改善,但非金属露天矿山缺少超大型矿山支撑矿业高质量发展;而且在当前的许多中小型矿山中,还存在很多停产矿山没有正常运行。

(3)矿山技术装备水平尚需提升,先进工艺装备亟待推广。

非金属露天矿山整体技术水平与工艺装备大型化、自动化和智能化尚有差距。部分中小矿山企业采用的生产工艺和设备仍然相对落后,矿山先进采选技术主要集中在大型和极少数中型矿山企业,推广普及有待加强。

(4)产业链下游高质量发展尚需加强,行业人才力量短缺。

以建材类矿山为例,作为河北省优势矿产,目前已形成较完整的上下游产业链,但矿产品的深加工潜力巨大,有待发掘。

由于高等教育和行业阶段性不景气等,矿山科研技术人员数量严重短缺,人才断层现象明显,缺乏高水平人才、复合型人才,无法满足非金属露天矿山行业高质量发展的需要。

(5)资源税税率偏高,影响企业竞争发展。

河北省矿山企业每年上交的国家性收费和地方性收费种类繁多,有 20 种以上,矿山企业总税费可占到其生产成本的 $22\%\sim45\%$,同时,河北省矿山的税费总额在全国处于较高水平,主要体现在资源税方面,河北省大部分矿种在对原矿征税时,接近国家给出范围上限,且整体同周边山西、河南、山东三个省比较,河北省税率位次相对靠前。

(6)部分非金属露天矿山企业管理落后,未形成系统化的企业管理体系。

部分非金属露天矿山尤其是小型和个体矿山仍然存在企业管理不规范等问题,未形成系统化的企业管理体系,主要包括矿山组织机构不健全、生产计划管理不完善、生产组织简单、质量管理不过关、安全管理不重视、企业文化建设走形式等问题。

### 1.3.2 解决途径

(1)优化矿山规模结构,科学规划开发布局。

逐步做好矿业高质量发展的"加法和减法"。进一步调整矿山规模结构,做好优化重组的"加法",支持矿山企业做大做强,提高大型矿山企业的数量占比,形成以大型矿业集团为主体的资源开发格局。关闭取缔一批矿山,做好优化重组的"减法",按照保优压劣、关小促大的原则,依法关闭属于国家和河北省产业政策淘汰类、安全生产和环保整改达标无望、部分位于"三区两线"无法避让等需要关闭的矿山。

同时,针对原采矿权设置不合理现象,建议优化以"山脊"为界的露天矿山,提高资源利用率与开采规模,降低生态修复的难度,最大限度减少对生态环境的扰动;为形成较完善合理的砂石供应,保障"京津冀协同发展"和"雄安新区建设"等国家战略的实施,建议加快集中开采区建设进度,形成年产千万吨及以上的超大型建材矿山,促进河北省矿业高质量发展,实现集约化、规模化、集聚化的生产格局。

(2)优化高素质人才结构,推进产业链上下游协同创新。

人才兴则民族兴,人才强则行业强。随着科学技术的发展和对管理水平要求的提高,矿山企业必须从劳动密集型向技术型转变,走安全、高效、智能化、智慧化的可持续绿色发展之路,包括矿山企业、中介机构、科研院所和政府部门等,都需要了解矿山现场生产、熟悉技术规程规范、掌握政府管理政策、熟知矿业领域前沿方向、了解上下游企业产业链的高素质复合型人才。

通过搭建交流平台、举行行业论坛、组织学习培训等多种形式,加强矿山企业、中介机构、科研院所、政府部门以及上下游企业之间的交流互动,增强行业人才自身知识的广度和深度。同时,支持企业上下游开展协同攻关,协同创新,研发填补省内外空白的产品,提升河北省矿山行业的产业链竞争力。

(3)创新推广先进适用技术,全面提高矿产资源开发利用水平。

充分发挥政府、中介、企业、研发机构等全社会力量,培育技术创新和推广市场,逐渐形成形式多样、不拘一格、互利互惠、各尽其能的技术创新推广局面。

一是政府引导与市场机制相结合,扶持技术服务平台的建设,引导鼓励大型矿业集团建立面向全球的专业技术推广服务机构,为矿业技术创新形成产业化发展模式提供有利环境。二是建立技术目录更新制度。通过评价和矿山反馈,评估技术使用情况和问题,及时增加和调整过时的技术内容。三是采用财政、技术等综合政策,加大节约集约和综合利用相关技术研发及推广的支持力度。

(4)促进矿山技术装备水平升级改造。

根据绿色矿山、智能矿山建设要求,非金属露天矿山应实施技术改造和装备升级,采用新工艺、新技术、新材料、新装备,不断提高资源利用效率;推广应用先进适用的矿山固体废弃物、废水、废气等减量化、资源化工艺技术。

(5)合理调减矿山税费,提升产品竞争能力。

尽快制定出台既有利于矿山企业竞争发展,又兼顾公平的税收改革方案。扩大增值税抵扣范围,全面清理地方性非税收费项目。落实矿山企业综合利用和绿色矿山差别税、水、电政策。

(6)简化项目审批程序,提高矿政工作效率。

现有审批手续烦琐,周期较长。建议探索建立"净矿"出让工作机制,鼓励推动"净矿"出让,简化矿山建设项目审批核准程序,减少单独审批部门,实行综合审查制度,规范权力事项,完善权责清单,压减审批环节,缩短审批时限,提高矿政工作效率。

## 1.4 生态环境修复存在的问题及解决途径

### 1.4.1 存在的问题

(1)技术方法手段不足,缺乏适用型新技术。

矿山生态修复是一项复杂的系统工程,制约因素众多,如地形地貌、气候特征、水文条件、土壤物理化学生物特征、表土条件、潜在污染等。新技术研究和推广应用不足。一是缺乏前沿技术的研究推广应用,需要政府、企业和科研机构加强合作,推动相关技术的研究和应用,以优化矿山生态环境恢复治理工作的效果;二是生态修复技术应用还处于初级阶段。尽管目前有很多生态修复技术,但在实际应用中,这些技术仍然处于初级阶段,无法有效地解决矿山生态环境恢复治理中的问题。例如,生物修复、土地重建等技术在应用中仍面临着种植、维护等方面困难。需要加强对这些技术的研究和应用,完善技术体系,提高技术的成熟度和可行性。

(2)相关职能部门协调机制不完善。

在当前矿山生态环境恢复治理工作中,管理机制的不完善是导致治理工作推进不够顺畅的一个主要原因。一方面,由于治理工作涉及的领域广泛,需要政府、企业、社会等多方面参与,协调难度大;另一方面,治理工作涉及的层级也较多,需要各级政府部门之间、各个企业之间以及政府和企业之间进行协调,但由于各方面利益角度不同,协调难度更大。

矿山生态修复的管理与监督涉及多个部门,包括自然资源、生态环境、水利、林草等部门。各单位在法律上和经济上的多方面关系缺乏明确规定,造成地方各管理部门责、权、利不明确和职责交叉等现象,从而使管理和监督工作相互脱节,没有明确一个专门的部门统筹管理矿山生态修复问题,治理工作完成后的后续监管难以得到保障,导致治理成果的不稳定,不能长期保持治理效果。

(3)矿山生态修复后续监管和维护不到位。

矿山生态修复需要一定的时间和成本,在修复后由于监管不到位,治理恢复成果难以有效维持。主要原因是后续监管机制不完善,有些地方虽然在矿山生态环境恢复治理工作中建立了后续监管机制,但由于机制设计不完善,导致监管效果不佳。其次,后续监管工作的经费问题也是导致后续监管不到位的因素之一。后续监管工作需要一定的人力、物力支持,部分地区企业由于缺乏足够的财力支持,后续监管工作无法得到充分保障,治理效果大打折扣。

具体到露天矿山,矿山环境治理采取的治理措施多数为对渣堆、平台、边坡平整覆土,植树种草,以达到复绿效果。虽然短期内绿化效果明显,但尚存在后续监管治理效果维护和跟踪监测不到位的问题,导致后期植被成活率较低。如露天开采边坡,种植绿植和爬山虎,由于边坡高差大、坡度陡、坡面长、坡面温差变化幅度快且大,以及植物根系生长空间受限等,成活率一般不高。

(4)矿山地质环境修复市场化程度偏低。

围绕构建"谁修复、谁受益"的矿山地质环境修复市场机制,还存在信息缺失、融资困难、政策分散、鼓励和支持措施不明确、交易机制和回报机制不健全等问题。如已经推广的矿山地质环境治理 EPC 总承包模式,实施过程中诸多细节不能具体落实,造成实施效果大打折扣。

(5)部分矿权设置不合理,影响生态修复。

个别非金属露天采矿权面积较小,由于历史原因,矿区边界往往按山脊线划分,矿山易形成高陡边坡,形成的高陡边坡往往靠近矿权边界,导致难以采用削坡治理,增加了治理难度,破坏了地形地貌景观;采矿权分散增加了景观破碎度,增加了生态修复难度,同时也增加了政府相关部门的监管难度。

### 1.4.2 解决途径

1)加强生态修复领域技术研究和推广

提高矿山生态环境恢复治理的技术水平,是解决当前矿山生态环境恢复治理工作的关键。一是积极研发和推广矿山生态修复技术。针对矿山生态环境的特殊性,需要积极推广相关的矿山生态修复技术,如生物修复、土地重建、湿地修复等。此外,需要加强技术的研究和创新,不断优化和提高现有技术的效果,以满足矿山生态环境治理的需求。二是加强矿山生态修复数据库建设。实现数据共享机制,促进矿山生态环境治理的共同参与,以便更好地了解矿山生态环境的变化趋势、问题和特征,为矿山生态环境恢复治理提供科学依据和技术支撑。三是推动数字化技术应用。采用遥感技术、无人机、激光雷达等,实现对矿山生态环境全方位、高效率、高精度的监测,可以快速获取矿山生态环境的相关数据,发现问题并及时采取措施进行治理,加快矿山生态环境治理工艺的数字化升级,可提高治理效率和质量,减少人力和物力的浪费。

2)完善生态修复管理机制

首先,建立健全矿山生态环境恢复治理的领导协调机制。这个机制应由政府主导,由相关职能部门、企业、专家学者、社会组织等共同参与,各方应明确各自职责,加强沟通和合作,形成多部门、多层级、多领域协调联动的机制。其次,建立全过程监管机制。这个机制应包括对矿山生态环境恢复治理工作的全过程监管,从规划、建设、运营到后续监管全面跟踪,确保治理工作全面、有序、规范推进。监管部门要加强对企业的监督检查,对于不符合治理要求的企业要及时进行处罚和整改。最后,加强信息公开和社会监督机制。政府和企业应主动向社会公开有关矿山生态环境恢复治理的信息,加强与社会组织和公众的沟通与合作,形成多方共治的治理模式。同时,社会组织和公众应积极参与监督,发挥舆论监督和社会监督的作用,推动矿山生态环境恢复治理工作的有效实施。

3)加大后续监管工作力度

一是建立矿山生态环境监管机构。建立矿山生态环境监管机构是加强矿山生态环境恢复后续监管工作的重要措施。该机构应当由有关部门、专家学者和公众代表组成,负责监督和管理矿山生态环境的恢复和保护工作。在建立机构的过程中,应当注重完善监管机制和法律法规,确保监管工作的科学性和有效性。二是建立完善的矿山生态环境监测和评估体系。包括建立基础数据平台、环境监测网络和数据共享机制等,同时运用现代化的信息技术手段,如卫星遥感、无人机遥感、传感器监测等,实现对矿山生态环境的全方位、多角度、实时监测,以提高治理效果的科学性和准确性。此外,还需制定完善的评估标准和方法,对矿山生态环境恢复治理效果进行全面、客观、准确的评价,为后续监管提供科学依据。三是加强监管力度,开展专项检查和监测。加强对矿山生态环境恢复治理项目的监督和检查,严格落实环保审批制度,对不符合要求的企业进行惩戒和整改,同时对治理效果好的企业进行表扬和激励,增强企业的环保意识和责任感。

4)加大资金支持力度

(1)创新机制。

坚持谁治理、谁受益,保障投资人的合法权益,调动投资人和使用人的积极性,构建"政府主导、政策扶持、社会参与,开发式治理、市场化运作"的矿山环境治理新机制。采用政府和社会资本合作(PPP)等多种形式,吸引社会资金,突破财政资金不足制约。因矿施策、因地制宜科学开展恢复治理,解决治理成果的后期管护问题,实现治理成果的可持续利用。地方政府、矿山企业可采取"责任者付费、专业化治理",将矿山环境治理交由第三方,提高治理效率和质量。鼓励矿山企业参与矿山地质公园建设、经营和管理。探索矿山环境治理与土地开发、旅游、养老、养殖、种植等产业融合发展。

（2）合理利用废弃矿山土石料。

地方政府组织实施的历史遗留露天开采类矿山生态修复，因削坡减荷、消除地质灾害隐患等修复工程新产生的土石料及原地遗留的土石料，可以无偿用于本修复工程；确有剩余的，可对外进行销售，由县级人民政府纳入公共资源交易平台，销售收益全部用于本地区生态修复，涉及社会投资主体承担修复工程的，应保障其合理收益。

5）推行"水平分层"式新开采模式，消除安全隐患，助力生态修复

传统的"纵切"露天采矿方法容易产生高陡边坡，不仅破坏环境，而且生态修复成本高，严重威胁着矿山安全；积极推行"水平分层"式开采，是将矿山按一定的高度分成水平层状，从山体最高点开始，按照自上而下的顺序，一层一层开采，开采终了形成宽平台、不留边坡或留设缓边坡，可统筹矿山开采期间及开采结束后与周边环境协调发展，降低生态修复成本，减少矿山安全隐患，提高资源利用水平，提升社会综合效益，对生态环境、安全生产、资源保护、保障供给、转型升级等起到促进作用，是科学高效安全的开采方式。

# 第2章 非金属露天矿山水平分层开采现状

## 2.1 水平分层开采法的推出背景

目前,国内部分非金属露天矿山存在生态环境破坏严重、安全隐患突出、资源利用效率低及矿山修复难度大等问题,这些问题严重影响了矿山行业的可持续发展。为进一步规范砂石料开采,2023年4月,自然资源部印发了《关于规范和完善砂石开采管理的通知》(自然资发〔2023〕57号)。通知中对矿山开发布局、采矿权投放、"净矿"出让、规范矿山开采管理及绿色矿山建设等作出了明确要求,体现了国家对砂石料行业开采的政策引导性,旨在通过政策手段促进矿山开采的绿色化、规范化和高效化。

为全面贯彻自然资源部《关于规范和完善砂石开采管理的通知》(自然资发〔2023〕57号)要求,进一步规范露天矿山开采秩序,切实改善露天矿山生态环境,河北省自然资源厅制定了《河北省露天矿山开采专项整治方案》。该方案的制定是为了全面开展非金属露大矿山开采专项整治工作,科学推进全省露天矿山开采方法向水平分层开采转变。在方案中明确了整治目标、整治范围和整治措施,通过政策指导和技术支持,推动矿山开采模式的转型升级。

为推进露天矿山向"大平台、缓边坡"开采方式转变,河北省自然资源厅制定了《河北省非金属露天矿山水平分层开采法("横切"式)技术规定(试行)》(以下简称"技术规定"),通过调研河北省内非金属露天矿山的开采现状和生态修复现状,在传统水平分层开采法的基础上,统筹资源绿色开发、集约开采、系统修复、全生命周期管理,对露天采场的边坡参数和最终形态进行了创新性的改变,旨在解决矿山生态修复难度大、成本高、效果差的难题,推动企业建立资源、环境、生态效益兼顾的生产体系。

在技术规定中,对开采境界圈定、开拓运输方案选择、采场要素确定、环境保护等方面提出了实现"大平台、缓边坡"开采的相关要求。

水平分层开采法的推行能够有效、合理地引导非金属露天矿山采矿权投放,统筹考虑资源赋存条件、耕地和永久基本农田保护红线、生态保护红线、历史文化保护红线、海洋生态保护和绿色矿山建设等管控要求,以及城镇发展、产业布局、供需平衡、运输距离等因素。通过划定集中开采区或开采规划区块,避免出现以山脊线划界等开采后遗留残山残坡等不合理问题,实现非金属露天矿山资源绿色开发、集约开采、系统修复全生命周期管理。该技术规定不仅为全省的矿山开采提供了科学指导,也为其他地区的矿山开采提供了可借鉴的经验和模式,具有重要的示范作用和推广前景。

## 2.2　水平分层开采法开采的相关规定[①]

### 2.2.1　制定原则

该技术规定的制定遵循"统一性、协调性、适用性"的原则。与《中华人民共和国矿产资源法》《中华人民共和国安全生产法》《中华人民共和国矿山安全法》等相关法律法规保持统一、协调、一致,以确保法规和规定在实施过程中不会出现冲突与矛盾。

同时,技术规定还参考了《金属非金属矿山安全规程》(GB 16423—2020)、《水泥原料矿山工程设计规范》(GB 50598—2010)、《装饰石材矿山露天开采工程设计规范》(GB 50970—2014)、《非煤露天矿边坡工程技术规范》(GB 51016—2014)、《冶金矿山采矿设计规范》(GB 50830—2013)、《有色金属采矿设计规范》(GB 50771—2012)、《金属非金属露天矿山高陡边坡安全监测技术规范》(AQ/T 2063—2018)、《土地复垦质量控制标准》(TD/T 1036)、《非金属矿行业绿色矿山建设规范》(DZ/T 0312—2018)、《砂石行业绿色矿山建设规范》(DZ/T 0316—2018)、《冶金行业绿色矿山建设规范》(DZ/T 0319—2018)、《非煤矿山采矿术语标准》(GB/T 51339—2018)等相关标准,力求与现行规程、规范及相关标准协调一致。

通过参考这些标准,技术规定不仅提升了自身的科学性和规范性,还增强了在实际运用中的指导性和可操作性,从而确保在实际运用中既符合国家法律法规,又能有效指导矿山企业的具体操作。通过与这些标准的协调一致,技术规定进一步保障了在不同情况下的普遍适用性,确保了不同类型矿山在实施中的标准统一,有助于整个矿山行业的整体规范和有序发展。

此外,技术规定与生产实践相结合,充分体现其科学性与适用性,并且考虑了现阶段国内非金属露天矿山的实际情况与发展水平,保证了其可操作性。这不仅使规定更贴近实际操作,还能在执行过程中更为顺畅,避免因规定与实际操作脱节而导致的执行困难。

### 2.2.2　基本组成

技术规定由总则、术语和定义、基本规定、开采境界圈定、采场要素、开拓运输、环境保护、图解共8个章节章构成。

(1)总则:阐明了推行水平分层开采法的目的、适用范围和对象。

(2)术语和定义:对技术规定中涉及的重要概念进行集中解释。

(3)基本规定:提出了采用水平分层开采法所必须执行的规定。

(4)开采境界圈定:给出了非金属露天矿山境界圈定应遵循的原则。

(5)采场要素:对非金属露天矿山在生产过程中的分层高度、分层(台阶)坡面角、工作帮坡角、最小工作平台宽度、同时开采分层数进行了规定;对露天采场的最终台阶高度、安全平台宽度、清扫平台宽度、最终边坡角进行了规定。

(6)开拓运输:给出了公路—汽车开拓运输、公路—溜井平硐开拓运输等开拓运输方式的适用条件

---

[①] 注:引自《河北省非金属露天矿山水平分层开采法("横切"式)技术规定(试行)》(2023年5月8日)。

和选择原则。

(7)环境保护:规定了工业场地选址、生态环境保护、恢复治理方面的原则。

(8)图解:以平面、剖面图的形式,对孤山型、山脊型露天矿山的水平分层开采法的开采方式进行了说明。详见图 2-1、图 2-2、图 2-3。

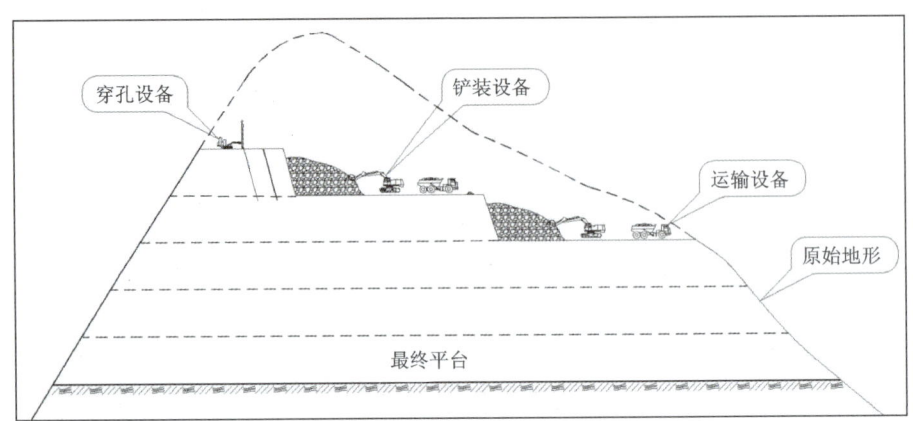

图 2-1　孤山型开采剖面示意图

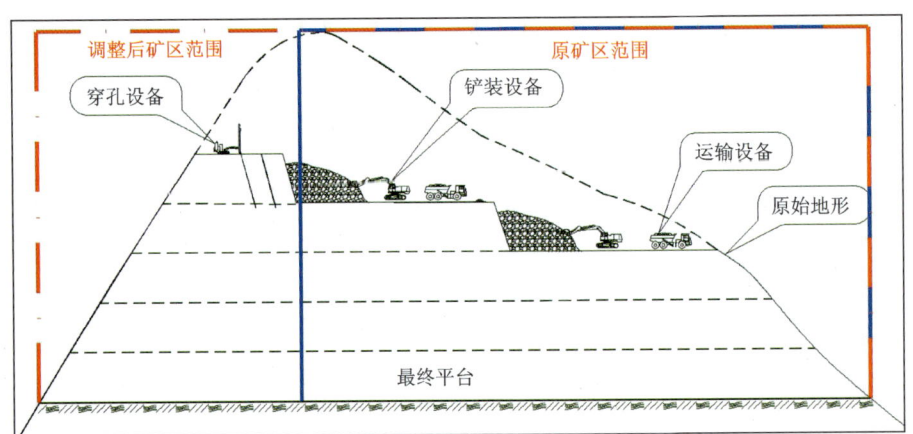

图 2-2　半山型开采剖面示意图

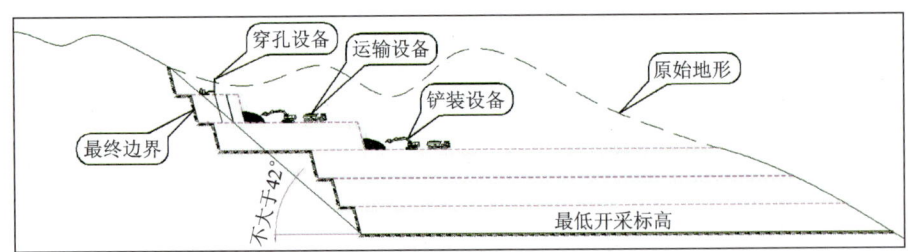

图 2-3　山脊型开采剖面示意图

## 2.2.3　主要术语定义

1)孤山型山坡露天矿山

矿体赋存于孤立的山体中,矿体所处山体与周边山体相对孤立,且整个山体位于矿区范围内的山坡露天矿山。

2)半山型山坡露天矿山

矿体赋存于孤立或连续的山体中,矿区范围未将整个山体圈定在内,开采范围为山体一部分的山坡露天矿山。

3)山脊型山坡露天矿山

矿体赋存于连续山体中,矿区范围沿山脉走向将全部或者部分山脊圈定在内,开采范围为山脊走向长度一部分的山坡露天矿山。

## 2.2.4 基本原理

水平分层开采法是指将矿山按一定的高度分成水平层状,从山体最高点开始,按照自上而下的顺序一层一层开采的方法,开采终了形成宽平台、不留边坡或留设缓边坡。该方法可统筹矿山开采期间及开采结束后与周边环境的和谐统一,降低生态修复成本,提高安全生产水平,提升社会综合效益,对生态环境、安全生产、资源保护、保障供给、转型升级等方面起到积极促进作用,是科学高效安全的开采方式。

水平分层开采法规定的内容不违背现有法律、法规、标准,是现行相关法律、法规与标准的延伸,根据水平分层开采法的开采工艺要求,对个别技术指标进行了调整,使其严于现行的相关规定,主要要求如下。

(1)工作帮坡角:禁止采用陡帮开采,推荐采用缓帮采剥方式,根据工作分层(台阶)高度和最小工作平台宽度确定,一般为8°~15°。

(2)最小工作平台宽度:应根据采装方式和装车、调车方式,按爆堆宽度、采装设备和运输设备工作参数、挡车设施宽度及设备与坡面之间的安全距离等计算确定,汽车运输最小工作平台宽度可按表2-1的规定进行选取。

表 2-1　汽车运输最小工作平台宽度　　　　　　　　　　　　　　　　　　　　　单位:m

| 台阶高度 | 平台初始宽度 | 正常生产时最小平台宽度 |
| --- | --- | --- |
| ≤12 | 26 | 40 |
| >12 | 35 | 50 |

注:装饰石材矿山的最小工作平台宽度根据各开采工序所选设备的作业宽度、分台阶高度和安全生产的要求确定,不应小于30m。

(3)同时开采分层(台阶)数不得超过2个。

(4)宽平台(清扫平台)宽度。

《金属非金属矿山安全规程》(GB 16423—2020)5.2.1.4条款规定清扫平台不小于6m(人工清扫)和8m(机械清扫),水平分层开采法开采考虑后期修复维护成本、生态修复效果的可持续性、视觉景观改善以及长久的安全等因素后,推荐宽平台不小于20m。

露天采场最终境界每隔1~2个安全平台设置1个宽平台(兼作清扫平台),宽平台宽度不小于20m,且露天采场最终边坡角不大于42°。

(5)最终边坡角。

国家相关规程规范提出最终边坡角应满足安全稳定的要求,《金属非金属露天矿山高陡边坡安全监测技术规范》(AQ/T 2063—2018)规定坡度大于42°(含42°)的为陡坡,30°~42°(含30°)的为斜坡,小于30°的为缓坡。水平分层开采法开采考虑后期修复及维护成本后,为彻底消除非金属露天矿山的高陡边坡,推荐最终边坡角不大于42°。

(6)不宜采用分期、分区开采。

国家相关规程规范允许采用全境界或分期、分区开采,水平分层开采法开采根据非金属露天矿山矿体的赋存条件以及边开采、边治理的相关要求,不推荐采用分期分区开采和倾斜条带、扩帮采剥。

各分层开采工作面应在平面上一次推进到位,避免分区分期开采和倾斜条带、扩帮采剥。

(7)露天开采境界的圈定要综合考虑。

目前露天开采境界的圈定,多考虑安全效益和经济效益,未充分考虑后期修复治理及长期维护的费用和技术难度,水平分层开采法开采推荐在考虑生态效益、环境效益、安全效益和经济效益后通过方案比选最终确定露天开采境界。

(8)公路—溜井平硐开拓运输方案。

目前国内非金属露天矿山多数采用公路开拓汽车运输方案,水平分层开采法开采综合考虑绿色环保、低耗高效、技术可行、经济合理等因素后,推荐采用公路—溜井平硐开拓运输方案。位于城镇及主要交通干线可视范围内的矿山,优先采用公路—溜井平硐开拓运输方案。

## 2.2.5 主要特点

(1)采场的最终形态体现为每隔1~2个安全平台(宽度不小于5m)设置一个宽平台(宽度不小于20m),最终边坡角度不大于42°,有效降低了安全隐患,提升了本质安全水平。

(2)采场的最终形态以平台为主,斜坡面积显著减小,生态环境再造的可能性更多样化,生态修复的经济性和可持续性显著提升。实景对比详见图2-4、图2-5。

(3)水平分层开采法的推行将使矿山资源储量的配置体量更大,势必有效提升矿山的规模化、集约化水平,在促进装备水平升级的同时,带动生产系统和劳动组织的优化,大中型矿山比例将大幅度提高,矿山企业结构将得到明显优化。

(4)水平分层开采法的推行将有效地推动矿产资源管理政策的变革,提供资源配置减轻生态保护的"包袱",矿山开发布局将更趋合理,资源保障、生态保护相互协调发展。

图 2-4　水平分层开采法开采前实景图

# 第 2 章 非金属露天矿山水平分层开采现状

图 2-5 水平分层开采法开采后效果图

## 2.3 开采模式推行现状

自 2023 年,河北省委、省政府提出全面整治非金属露天矿山后,出台了一系列政策文件,用于引导矿山向水平分层开采法转变,制定了详细的推进方案,并按计划完成了相应的进度安排。

### 2.3.1 推进方案

2023 年,河北省自然资源厅全面摸查了全省非金属露天矿山开采现状,对现有非金属露天矿山水平分层开采的适宜性进行了分类。先后研究印发了《关于进一步规范非金属矿产露天开采管理工作的通知》《河北省非金属露天矿山水平分层开采法("横切"式)技术规定(试行)》,从规划管控、综合勘查、出让调控、开采方法、监督管理等方面对非金属露天矿山水平分层开采提出了明确要求,进一步建立健全了非金属矿产露天开采管理的长效机制。

对全省非金属露天矿山矿区范围、资源赋存、开采方式、地形地貌等情况,逐一建立工作台账,按照"集中开采区内优先、集中开采区外从严,大中型矿山优先、小型矿山从严"的原则,分类制定处置措施。可实现水平分层开采的矿山占总数约 68%(开采终了不留边坡或留设缓边坡),主要分为 4 类:现状为水平分层开采的矿山;拟通过调整开发方案可实现水平分层开采的矿山;拟通过与相邻矿山整合重组可实现水平分层开采的矿山;拟通过调整矿区范围可实现水平分层开采的矿山。

无法实现水平分层开采的矿山占总数约 32%,主要有 3 类——石英、石墨、萤石等矿体呈脉状、薄层状、陡倾斜状,不适宜水平分层开采的矿山,按原开采方法开采,进一步严格生态环境保护、安全生产等标准;受地形、村庄、生态保护红线等刚性条件限制,无法实现水平分层开采法开采的大中型矿山,由省级专家组逐矿甄别,结合周边环境,一矿一策,最大限度实现矿产开发与安全生产生态环境保护相协调;其他生产规模小,无法实现水平分层开采的矿山,由当地政府引导其进行修复治理。

### 2.3.2 推进进度

(1)从试点矿山开始,积累经验,以点带面。

发挥典型示范引领作用,科学选择试点矿山,以点带面,推进开采方法由传统开采方式向水平分层开采转变,为全面推广非金属露天矿山开采方法转变奠定基础。

综合资源赋存、地形地貌、开采现状等因素,选取了 8 个条件较成熟的矿山作为示范点,先行先试,进一步总结开采方案设计、开采工艺、资源利用、修复治理等方面经验,为非金属露天矿山水平分层开采提供示范,加快推进非金属露天矿山水平分层开采的进度。

(2)逐步推进至全省矿山,分类处置,有序完成。

结合水平分层开采法开采试点示范经验,针对可使用水平分层开采法开采的非金属露天矿山,将采用水平分层开采法开采作为矿山复产复工验收条件,倒逼企业开采方式逐步转变。参照现行法律法规和政策,已全部按照以下时间节点完成:现状为水平分层开采法开采的,已于 2023 年 5 月 31 日前完成方案优化;通过调整开发方案可实现水平分层开采法开采的,已于 2023 年 10 月 31 日前完成开发利用方案编审;通过整合重组可实现水平分层开采法开采的,已于 2023 年 7 月 31 日前由市级自然资源部门完成整合重组实施方案编制并报省自然资源厅,省自然资源厅会同相关部门联审通过,已于 2023 年 10 月 31 日前报省政府审批;通过调整矿区范围可实现水平分层开采法开采的,已于 2023 年 12 月 31 日前完成资源调查、划定出让范围,按程序经自然资源部同意后,调整矿产资源规划。

(3)全省水平分层开采法开采矿山有序推进,初见成果,未来可期。

为了进一步推动矿山开采方式的转型升级,确保水平分层开采法开采技术得到广泛应用,河北省各级部门按照严格规定的时间节点进行落实。提供的保障措施不仅确保了矿山开采方式的逐步转变,也为资源的高效利用和环境保护提供了有力保障。

截至目前,全省非金属露天矿山中已为现状下可实现水平分层开采法开采的矿山,拟通过调整开发方案可实现水平分层开采法开采的矿山全部按计划完成开发利用方案编制,正在进行后续手续办理程序,部分矿山已取得基建批复手续或恢复生产。对于与相邻矿山整合重组可实现水平分层开采法开采的矿山,拟通过调整矿区范围可实现水平分层开采法开采的矿山,按照水平分层开采法开采的要求划定了新的矿区范围,避免了山脊划界等问题,从源头上消除了高陡边坡,并为后期生态修复作出长远规划。因此,水平分层开采法开采的技术参数经过实际验证,是合理、可行的。

## 2.4 典型非金属露天矿山

### 2.4.1 典型非金属露天矿山的选择

从全省非金属露天矿山中选取 5 个典型矿山,涉矿地市主要位于河北省中部、东北部。山坡露天矿山类型属于孤山型和山脊型,生产规模为大中型,开采矿种为水泥用石灰岩、熔剂用白云岩、饰面片麻岩、玻璃用白云岩、冶金用白云岩、建筑用白云岩矿和建筑石料用石灰岩,典型矿山情况见表 2-2。

选取的 5 个非金属露天矿山分别位于不同的地理区域,同时具有大中型以上的开采规模。包含了非金属矿山常用的两种开采工艺:爆破开采工艺和饰面石材锯切开采工艺。典型矿山 1 某水泥用石灰岩矿,典型矿山 2 某白云岩矿,典型矿山 4 某玻璃用白云岩、冶金用白云岩、建筑用白云岩矿整合区,

表 2-2 典型矿山情况表

| 编号 | 矿山名称 | 所属地域 | 矿山类型 | 矿区面积（km²） | 生产规模 | 开采矿种 |
|---|---|---|---|---|---|---|
| 1 | 某水泥用石灰岩矿 | 河北省中部 | 山脊型 | 0.813 7 | 中型 | 水泥用石灰岩 |
| 2 | 某白云岩矿 | 河北省东北部 | 山脊型 | 0.966 7 | 大型 | 熔剂用白云岩 |
| 3 | 某建筑石料用片麻岩矿 | 河北省中部 | 孤山型 | 1.0 | 中型 | 饰面片麻岩 |
| 4 | 某玻璃用白云岩、冶金用白云岩、建筑用白云岩矿整合区 | 河北省东部 | 山脊型 | 0.507 7 | 大型 | 玻璃用白云岩、冶金用白云岩、建筑用白云岩矿 |
| 5 | 某建筑石料用石灰岩(碎石)矿 | 河北省中部 | 山脊型 | 0.53 | 大型 | 建筑石料用石灰岩 |

典型矿山 5 某建筑石料用石灰岩(碎石)矿，以上 4 个典型矿山采用爆破开采工艺；典型矿山 3 某建筑石料用片麻岩矿采用饰面石材锯切开采工艺。

开采矿种为石灰岩矿、白云岩矿和花岗岩矿。

通过以上综合分析，选取的典型矿山在全省非金属矿山中具有一定的代表性，从而保证研究结果的普适性和科学性。

## 2.4.2 典型矿山1：某水泥用石灰岩矿

### 2.4.2.1 矿山概况

矿山开采矿种为水泥用石灰岩；开采方式为露天开采；生产规模为矿石量 60.00 万 t/a。

本矿山矿体赋存于奥陶系马家沟组一段（$O_2m^1$）地层中，呈层状产出，矿体形态和产状受地层控制，矿体岩性以纯灰岩、豹皮灰岩为主，倾向南西，倾角 5°～13°。总体厚度 100.71m，控制矿体南北长 1420m，东西宽 440～1580m。矿体底板为亮甲山组角砾状白云岩，未见顶板出露，矿体除第四系覆盖外直接裸露地表。

开采现状：该矿山已开采多年，区内现有采场 3 个，编号分别为Ⅰ#采场、Ⅱ#采场、Ⅲ#采场。

Ⅰ#采场位于采区西部，北东-南西长 420m，北西-南东宽 98m，现状最高开采标高 478m，最低标高 380m，最大边坡高 98m。分布有 3 个工作平台，其中：1 平台最低开采至 380m 标高，为界外平整场地所致，2 平台最低开采至 400m 标高，3 平台最低开采至 416m 标高，采场最高已开采至 478m 标高。坡面角为 30°～48°，台阶宽度一般为 8～18m。

Ⅱ#采场位于采区中部，北东-南西长 654m，北西-南东宽 220m，总面积约 13.216 1hm²。现状最高开采标高 482m，最低标高 400m，最大边坡高度 82m。现已形成 472m、457～440m、442m、432～410m、400m 五个平台，台阶高 10～32m，坡角自上而下分别为 50°～63°、60°～65°、12°～79°、27°～33°，台阶宽度为 4～16m。

Ⅲ#采场位于采区北部，南北宽 160m，东西长 186m，现状最高开采标高 460m，最低标高 400m，最大边坡高 60m。现已形成 447m、410～415m、400m 三个平台，台阶高为 10～27m，坡角为 30°～70°，台阶宽度为 4～27m。

该矿山为生产矿山，矿山类型属于山脊型露天矿山，目前矿山采矿许可证和安全生产许可证均在有效期内，矿山通过调整矿区范围可实现水平分层开采法开采。

调整后的矿区范围基本沿等高线和山谷划界，符合水平分层开采法开采的要求，从而达到环境影响最小、修复治理效果最佳。调整后生产规模约 500 万 t/a，服务年限约 16a。根据矿山多年开发利用情况，夹层可作为建筑石料用矿石进行综合利用。

#### 2.4.2.2 三维地质模型构建

1）建模步骤

首先整理矿山原始地质资料→通过数据导入建立地质数据库→显示三维钻孔并圈定矿体→通过矿体解译构建实体模型→构建品位块体模型→在品位模型基础上估算资源量，具体工作流程见图 2-6。

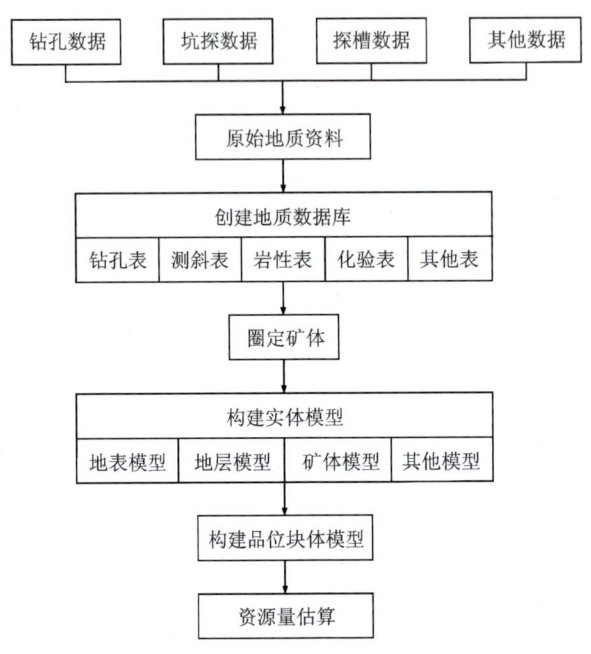

图 2-6 三维地质建模流程图

2）矿体圈定

根据《石灰岩、水泥配料类 矿产地质勘查规范》(DZ/T 0213—2020)、《建筑用石料类 矿产地质勘查规范》(DZ/T 0314—2020)、《建设用卵石、碎石》(GB/T 14685—2011)、《建筑材料放射性核素限量》(GB 6566—2010)，采用工业指标如下。

(1) 水泥用灰岩矿石质量指标。

水泥用灰岩Ⅰ级品品位为 $CaO \geqslant 48\%$、$MgO \leqslant 3.0\%$、$Na_2O+K_2O \leqslant 0.60\%$、$Cl^- \leqslant 0.020\%$、$P_2O_5 \leqslant 0.80\%$、$SO_3 \leqslant 0.5\%$、$fSiO_2 \leqslant 6\%$。

水泥用灰岩Ⅱ级品品位为 $CaO \geqslant 45\%$、$MgO \leqslant 3.5\%$、$Na_2O+K_2O \leqslant 0.60\%$、$Cl^- \leqslant 0.030\%$、$P_2O_5 \leqslant 0.80\%$、$SO_3 \leqslant 0.5\%$、$fSiO_2 \leqslant 8\%$。

(2) 建筑石料矿石质量指标，见表 2-3。

(3) 开采技术条件。

① 最低开采标高为 +350m。

② 剥采比：覆盖层、夹层、边坡围岩的体积与矿石体积之比 $\leqslant 0.5：1(m^3/m^3)$。

③ 最小可采厚度：水泥用灰岩 8m；建筑石料用灰岩 3m。

④ 最小夹石剔除厚度 2m。

⑤ 边坡角 $\leqslant 60°$。

表 2-3 建筑用石料质量一般要求

| 项目 | 等级指标 | | | 备注 |
|---|---|---|---|---|
| | Ⅰ类 | Ⅱ类 | Ⅲ类 | |
| 抗压强度(水饱和)MPa | ≥30 | | | |
| 表观密度(kg/m³) | ≥2600 | | | |
| 坚固性(%) | ≤5 | ≤8 | ≤12 | |
| 压碎指标(%) | ≤10 | ≤20 | ≤30 | |
| 含泥量(%) | ≤0.5 | ≤1.0 | ≤1.5 | |
| 泥块含量(%) | 0 | ≤0.2 | ≤0.5 | |
| 针、片状颗粒含量(%) | ≤5 | ≤10 | ≤15 | |
| 吸水率(%) | ≤1.0 | ≤2.0 | ≤2.0 | |
| 硫酸盐及硫化物含量(%) | ≤0.5 | ≤1.0 | ≤1.0 | |
| 碱活性 | 岩相法碱活性检验被评定为非碱活性时,作为最终结论。若评定为碱活性或可疑时,应做长测法检验,检验后试件应无裂缝、酥裂、胶体外溢等现象,在规定试验龄期膨胀率应小于0.10% | | | |
| 放射性 | ①建筑主体材料:$I_{Ra} \leq 1.0, I_r \leq 1.0$<br>②装饰装修材料<br>A类装饰装修材料:$I_{Ra} \leq 1.0, I_r \leq 1.3$<br>B类装饰装修材料:$I_{Ra} \leq 1.3, I_r \leq 1.9$<br>C类装饰装修材料:$I_r \leq 2.8$ | | | |

⑥开采最终底盘宽度≥60m。

⑦爆破安全距离:与国家铁路的距离不应小于1000m,与公路(国道、高速公路)的距离不小于500m,与电力(高压线)的距离不小于500m,与工厂、居民区及其他主要建筑物之间的爆破警戒范围不小于300m;其他情形下应符合《爆破安全规程》(GB 6722—2014)的规定。

(4)矿体圈定原则。

①依据工业指标进行圈定。

②以见矿工程所控制的矿体连线圈定矿体。

③外推原则:相邻两工程都见到同一矿体,依照地质规律,将矿体按自然形态连接;当见矿工程与相邻工程控制矿体的实际工程间距不大于推断资源量的勘查工程间距时,则按实际工程间距1/4平推推断资源量;当见矿工程与相邻工程控制矿体的实际工程间距大于推断资源量的勘查工程间距或见矿工程外无控制工程时,按推断资源量的勘查工程间距1/4即100m平推推断资源量;若矿体自然尖灭,则外推至自然边界点。

(5)以矿权范围边界,最低开采标高350m,安全边坡角60°,矿床开采最终底盘宽度不小于60m圈定。

3)实体模型建立

构建三维实体过程中,采用一系列三角面(triangle)描述实体的轮廓或表面而构成的完整实体的面或壳,其实质是由一系列三角面集合构成的实体表面或轮廓(图2-7)。实体模型主要分为两类:一是开放的数字表面模型(digitize terrain model,DTM),如地表、断层或岩层模型;二是封闭的三维实体模型(3DM),如矿体、岩体模型。二者的区别在于DTM可以是封闭或不封闭的,而3DM必须是封闭的。

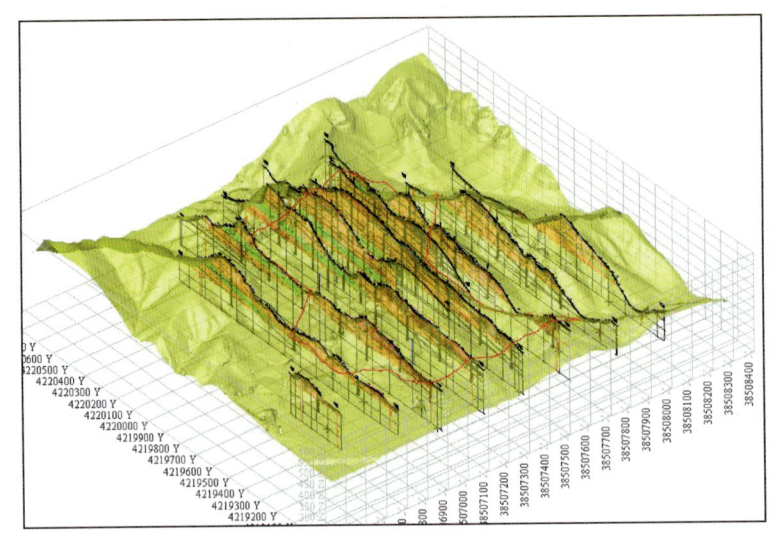

图 2-7　勘探线三维可视化图

4）数字地表模型（DTM）

建立地表模型旨在直观、清晰地展示地表与矿体等其他空间体的三维位置关系。地表模型的构建通常基于地形等高线，等高线分为具有高程值属性和不具有高程值属性两种。

矿区位于井陉盆地东北边缘，区内山岳类型属中低山区，整体地势呈北高南低，地形波状起伏显著，坡度在7°～32°之间，最高海拔558.50m，最低海拔298m，相对高差260.5m，切割强烈。沟谷中有第四系残坡积物及黄土覆盖。

一般报告提交的图件中地形等高线具有高程值，此种情况比较简单，提取等高线及相应的高程值，导入3DMine软件中，即可生成三维地形模型。矿区建立的数字地表模型见图2-8。

图 2-8　地表模型图

## 第2章 非金属露天矿山水平分层开采现状

5)矿体模型(3DM)

矿体模型的构建是三维地质建模的主体,也是后续进行矿区石灰岩矿床资源量计算的基础,所以,模型构建的准确性和合理性显得非常重要。

矿区内矿体分为水泥用灰岩和建筑石料用灰岩两个矿种。自下至上将矿床分为13个矿层(Ⅰ～Ⅻ)、5个夹层(J1～J5),其中Ⅰ、Ⅲ、Ⅳ、Ⅵ、Ⅷ矿层为水泥用灰岩矿,Ⅱ、Ⅴ、Ⅶ、Ⅸ、Ⅹ、Ⅺ、Ⅻ、Ⅻ矿层为建筑石料用灰岩矿。Ⅰ～Ⅲ矿层赋存于下奥陶统亮甲山组二段地层中,厚度约65m;Ⅳ～Ⅻ矿层赋存于中奥陶统马家沟组地层中,总体厚度约155m。

矿体形态和产状受地层控制,呈层状产出,岩性以微晶灰岩、豹皮灰岩为主,区内矿层整体倾向150°～210°,倾角5°～14°,局部由于褶皱影响,产状存在细微的差异,但整体趋势变化不大。矿区内矿体整体裸露于地表,仅在南部沟谷中有小范围的第四系覆盖。区内矿体南北长1400m,东西宽约1590m。矿体整体风化程度较低,仅在局部地段存在表层风化。

现将各矿层分述如下。

Ⅰ矿层:该层为水泥用灰岩矿层,赋存于下奥陶统亮甲山组二段第三层的地层中,岩性以灰黑色微晶灰岩为主,该矿层分布于工作区北部,由0线、1线、3线、7线控制,赋存标高为350～387m,该矿层南北长约330m,东西长约772m,厚度为4.2～28.9m,平均厚度为14.74m。

Ⅱ矿层:该层为建筑石料用灰岩矿层,赋存于下奥陶统亮甲山组二段第四层的地层中,岩性为重豹皮灰岩夹少量白云质灰岩,该矿层分布于工作区北部,由0线、1线、3线、7线控制,赋存标高为350～393m,该矿层南北长约360m,东西长约772m,厚度为4.2～17.7m,平均厚度为8.64m。

Ⅲ矿层:该层为水泥用灰岩矿层,赋存于下奥陶统亮甲山组二段第五层的地层中,岩性以微晶灰岩为主,夹有轻豹皮灰岩及薄层白云质灰岩,该矿层分布于工作区中北部,由0线、1线、2线、3线、4线、7线、8线、11线控制,赋存标高为350～413m,该矿层南北长约665m,东西长约1093m,厚度为18.3～35.4m,平均厚度为24.90m。

Ⅳ矿层:该层为水泥用灰岩矿层,赋存于中奥陶统马家沟组一段第一层的地层中,岩性为灰黑色厚层状微晶灰岩,上覆于亮甲山组三段角砾状白云质灰岩之上,产状稳定,厚度大,倾向南西—南东、倾角3°～13°。该矿层分布于矿区中北部,除15线外,其余勘查线均有分布,赋存标高350～474m,矿层南北长约917m,东西宽平均1340m。厚度为25.3～40.9m,平均厚度为29.18m。

Ⅴ矿层:该层为建筑石料用灰岩矿层,赋存于中奥陶统马家沟组一段第二层的地层中,岩性为灰—灰黑色重豹皮灰岩夹少量白云质灰岩,整体倾向南、倾角3°～14°。矿层南北长约950m,东西宽约1337m。该矿层分布于矿区中北部,在区内各勘查线均有分布,赋存标高350～478m。厚度为3.8～7.8m,平均厚度为5.90m。

Ⅵ矿层:该层为水泥用灰岩矿层,赋存于中奥陶统马家沟组一段第三层的地层中,岩性为灰黑色微晶灰岩夹轻豹皮灰岩,局部可见重豹皮灰岩,产状稳定,倾向南西—南东、倾角3°～10°。矿层南北长约1266m,东西宽约1586m。该层在全区均有分布,赋存标高350～498m。厚度为26.1～42m,平均厚度为34.10m。

Ⅶ矿层:该层为建筑石料用灰岩矿层,赋存于中奥陶统马家沟组一段第四层的地层中,岩性为重豹皮灰岩。矿层南北长约1260m,东西宽1531m。赋存标高350～501m。厚度为2.05～4.23m,平均厚度为4.02m。

Ⅷ矿层:该层为水泥用灰岩矿层,赋存于中奥陶统马家沟组一段第五层的地层中,岩性为灰黑色微晶灰岩、轻豹皮灰岩,局部夹少量重豹皮灰岩,产状稳定,倾向南,倾角6°～14°。矿层南北长1269m,东西宽1524m,该层出露情况较好,全区均有出露,仅在2线潜伏于山体内,赋存标高350～518m。厚度为8.6～50.23m,平均厚度为29.4m。

Ⅸ矿层:该层为建筑石料用灰岩矿层,赋存于中奥陶统马家沟组一段第四层的地层中,岩性为重豹皮灰岩。矿层南北长 1304m,东西宽 602m,该层分布于 0 线、1 线、2 线、3 线、4 线上,在 2 线和 4 线上矿层较厚,赋存标高 350～521m。厚度为 2.7～26.3m,平均厚度为 14.5m。

Ⅹ矿层:该层为建筑石料用灰岩矿层,赋存于中奥陶统马家沟组一段第八层的地层中,位于 J2 夹层和 J3 夹层之间,岩性为重豹皮灰岩夹灰黑色微晶灰岩及薄层白云质灰岩。矿体南北长 1131m,东西宽 1375m,赋存标高 354～547m。最大厚度为 34.6m,最小厚度为 7.2m,平均厚度为 12m。

Ⅺ矿层:该层为建筑石料用灰岩矿层,赋存于中奥陶统马家沟组一段第十层的地层中,位于 J3 夹层和 J4 夹层之间,岩性为重豹皮灰岩夹灰黑色微晶灰岩及薄层白云质灰岩。该矿层分为两个不连续的矿体分布于山脊上,赋存标高 372～545m。最大厚度为 16.65m,最小厚度为 4.04m,平均厚度为 10.34m。

Ⅻ矿层:该层为建筑石料用灰岩矿层,赋存于中奥陶统马家沟组一段第十二层的地层中,位于 J4 夹层和 J5 夹层之间,岩性为重豹皮灰岩夹灰黑色微晶灰岩。该矿层分为两个不连续的矿体,出露标高 389～532m。最大厚度为 21.2m,最小厚度为 3.7m,平均厚度为 12.45m。

ⅩⅢ矿层:该层为建筑石料用灰岩矿层,赋存于中奥陶统马家沟组一段第十四层的地层中,分布于 J5 夹层之上,岩性为重豹皮灰岩,该矿层分布范围较小,主要分布于 1 线和 2 线上,出露标高 416～516m。最大厚度为 22.5m,最小厚度为 3m,平均厚度为 9m。

此次,主要采用了基于勘探线剖面图的矿体模型构建方法,同时结合矿体边界线和钻孔数据,以确保模型的准确性和完整性。通过这种综合方法,建立了矿体的实体模型。为了更直观地展示矿体与地表的关系,将构建好的矿体模型与地表模型(图 2-8)进行了叠加,生成了清晰、直观的三维显示图。

## 2.4.2.3 水平分层开采法开采前后露天终了效果展示(图 2-9、图 2-10)

图 2-9 水平分层开采法开采前终了效果图

# 第 2 章  非金属露天矿山水平分层开采现状

图 2-10  水平分层开采法开采后终了效果图

矿山属于拟调整矿区范围实现水平分层开采法开采的矿山,前后最终平台面积、保有资源储量、生产规模、服务年限及最终边坡角发生变化。具体内容如表 2-4 所示。

表 2-4  前后对照表

| 编号 | 矿山名称 | 水平分层开采法开采基本情况 | | | | | | | | | |
|---|---|---|---|---|---|---|---|---|---|---|---|
| | | 最终平台面积(万 m²) | | 保有资源储量(万 t) | | 生产规模(万 t/a) | | 服务年限(a) | | 最终边坡角(°) | |
| | | 之前 | 之后 | 之前 | 之后 | 之前 | 之后 | 之前 | 之后 | 之前 | 之后 |
| 1 | 某水泥用石灰岩矿 | 19.41 | 54.7 | 539.7 | 8 052.46 | 60 | 500 | 8.3 | 16 | 55 | 42 |

矿山水平分层开采法开采后,最终底部平台面积大大增加,矿山生产态环境再造的可能性多样化,生态修复的经济性和可持续性显著提升。

保有资源储量的增加,生产规模由中型调整到大型,服务年限由 8.3a 延长到 16a,使得矿山资源储量配置体量更大,促进装备水平升级,大幅度提高了矿山生产规模,有效提升了矿山的规模化、集约化、节约化水平,提高了水泥灰岩矿的市场供应能力。

最终边坡角由 55°调整到 42°,边坡由陡边坡变为缓边坡,从本质上解决了矿山边坡安全问题,可以有效地减少边坡滑坡、垮塌等安全事故。

### 2.4.2.4 开采终了境界形态分析

(1)拟设矿区范围内保有资源量:拟调矿区范围内潜在矿产资源8 052.46万t。

(2)终了境界平面形态。开采终了后共形成一个采场,最终平台面积为54.7万m²(820.58亩)。最终境界周长为4269m,其中边坡长度2030m,占比48%;平台开口长度2239m,占比52%。

(3)最终边坡。调整矿区范围后开采终了境界存在北部、东部两面边坡,边坡最大高度为145m,属于中高边坡;最终边坡角为42°,属于缓边坡。可以看出,开采结束后,不会形成高陡边坡,有利于采场边坡的长期稳定。

(4)设计开采平台。开采平台设计台阶高度20m,设计安全平台宽度10m,每隔2个安全平台设计一个宽平台(兼作清扫平台),宽平台宽度为30m。

(5)终了底平台。终了底平台坡度为0°~6°,形成一个大平台,即+385m,终了底平台面积约54.7万m²(820.58亩)(图2-11)。

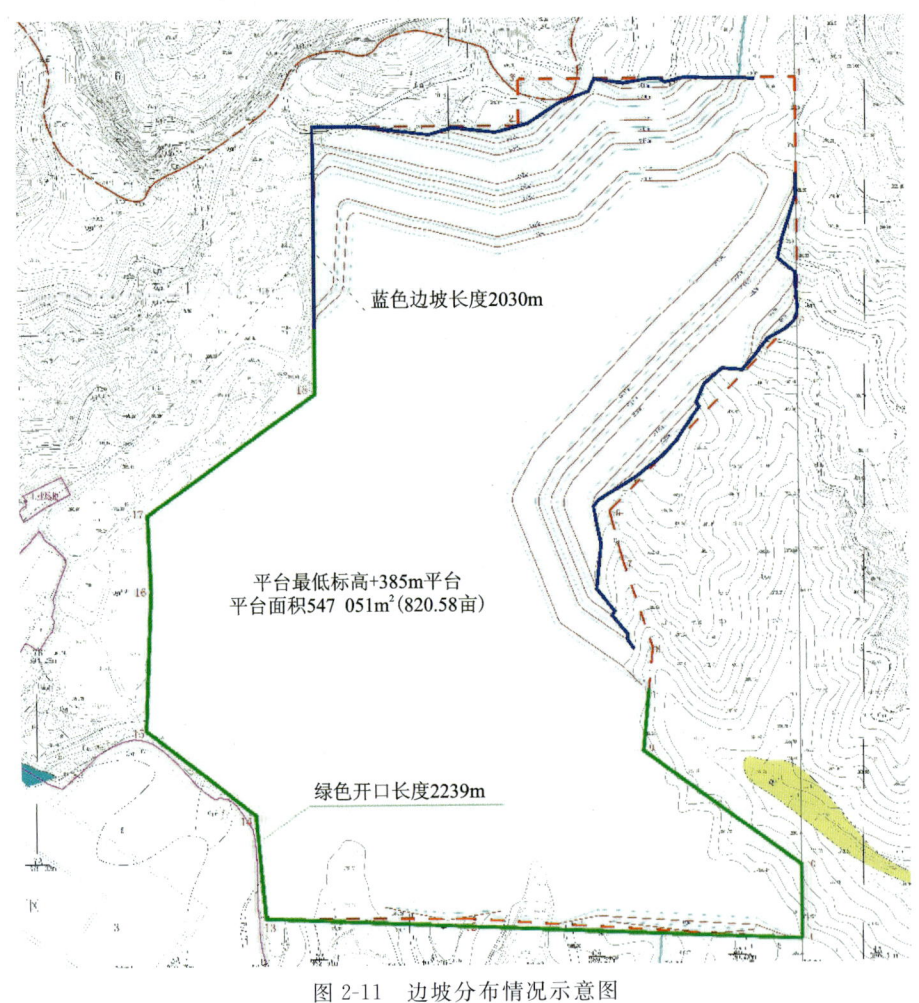

图2-11 边坡分布情况示意图

(6)水平分层开采法开采后优点。

通过调整矿区范围,能够更好地实现水平分层开采法开采,有效地减少了安全隐患,生态修复的经济性和可持续性显著提升,矿山资源储量的配置体量更大,可有效提升矿山的规模化、集约化水平。

(7)周边环境安全问题。

本次调整矿区范围划分区块综合考虑地形地貌、矿体形态与分布、赋存情况、资源储量、矿体埋深、开采经济技术条件、生产安全及生态红线和基本农田保护等因素,科学、合理确定开采规划区块单元范围。拟设区块内矿种以露天开采为主,拟设区块内矿体空间上连续,赋存于下马家沟组中,赋存状态良好,便于安全生产及保护生态。拟设区块内开采地质条件较好,水文地质条件简单,安全生产管理难度小。区块周边无采矿权设置,符合安全生产距离要求。

拟调整区块涉及高压线、台阳村道路和太阳能电池板的情况。矿区所属人民政府在2020年11月5日召开了自然资源和规划分局、交通局、电力公司、水利等部门参加的专项会议,在征求各部门意见后形成决议,为保障集中开采区的设置,对上述事项进行重新规划并迁移,目前高压线已开始迁移工作。

#### 2.4.2.5 矿山闭坑后再利用

矿山闭坑后将矿山活动破坏的土地恢复到可供利用的状态,可达到改善矿区生态环境,实现土地资源的可持续利用,促进经济和环境和谐发展的目的。

矿山破坏的土地类型主要为其他草地和采矿用地,面对矿山对地面的挖损和占压,土地利用现状的改变影响了原有自然体系的功能,因此应进行合理的设计,尽量使其恢复原有生态功能或使这种功能的损失降到最低。综合考虑可行性与经济效益,可将其恢复为有林地、灌木林地和其他草地。

露天采区底部平台占地面积约55hm$^2$,为保证土地复垦时有足够的表土资源,未损毁的表土层在开采前进行全部剥离。开采完毕后平台采用机械与人工相结合的方式进行简单的土地平整,采用平地机对土地进行平整,挖高填低、挖凸填凹,平整后地表高差不宜过大。

露天采场底部平台可恢复为有林地。矿区可选择种植刺槐,刺槐选用1年半到2年半生苗栽植,苗木胸径3~4cm,树坑规格直径0.4m,坑深0.5m,株行距3.0m×2.0m。林地区域在苗木种植后,在林下均匀撒播有机肥增加土壤肥力,同时撒播紫花苜蓿草籽,形成林草覆盖层,草籽用量平均30kg/hm$^2$,施肥标准为有机肥10.80t/hm$^2$。

露天采场台阶可恢复为灌木林地。在每个台阶外缘砌筑干砌石矩形挡土墙并进行覆土,可播种紫穗槐,株行距采用1.50m×1.0m,每穴栽植两株,株高80cm。同时撒播紫花苜蓿草籽,形成林草覆盖层。

矿山土地经恢复治理后,可有效避免或减少矿山地质环境问题,改善矿区生态环境,最大限度地减少耕地破坏。具有显著的社会效益、环境效益和经济效益。

社会效益:一方面可有效减小或避免地质灾害对当地居民生命财产安全的威胁,减少由于土地破坏、水土环境的恶化引起的矿地矛盾,保持社会稳定;另一方面能够提高土地质量、土地生产率,增加农民收入,提高当地农民的社会保障水平,促进社会和谐发展。

环境效益:可以有效避免矿山地质灾害的发生,恢复地形地貌景观,控制水土环境污染,使矿山生态环境得到改善。通过实施土地平整、植树种草等土地复垦工程,可有效防止矿区生态系统退化及水土流失,还可以防止周边环境的恶化,促进生态正向演替,保持矿区及周边生态群落的稳定性和多样性。生态系统重建,将对局部环境空气和小气候产生正向与长效影响,通过生态系统对空气的净化,改善大气环境质量。

经济效益:可以防止和减轻正在或可能发生的各种灾害,其经济效益主要为减灾效益。土地恢复的经济效益主要体现在复垦林地、草地的直接经济效益,以及生态恢复产生的间接经济效益。

## 2.4.3 典型矿山 2：某白云岩矿

### 2.4.3.1 矿山概况

矿山开采矿种为白云岩；开采方式为露天开采；生产规模为 220.00 万 t/a。

矿区内共圈定 1 个层状矿体，位于矿区中部，编号为 I 号矿体。矿体为灰白色中厚层粉晶白云岩，呈层状产出。通过以往槽探、钻探工程连续取样，矿层在矿区内 1—7 勘查线间展布，矿层出露标高 305.0~760.0m，出露宽度 150~410m，走向长 1420m，厚度 115.84~395.30m，平均厚度 231.71m，倾向延伸 302.0m。矿体走向 75°，倾向 345°，倾角 85°。矿层底板为含燧石条带白云质灰岩，硅质成分含量较高，顶板为灰色—灰黑色中厚层粗粒白云质灰岩。

开采现状：2011 年以前曾进行生产，开采区域位于矿区东部老牛河畔，形成一处露天采场，采场长 440m，宽 270m，最大边坡高度约 340m，边坡角 52°左右，采场边坡属于高陡边坡，易发生坍塌事故，并造成河道堵塞。受老牛河影响，矿山自 2011 年至今，一直按照设计及其安全专篇进行高陡边坡的整治工作，未进行开采。

由于高陡边坡尚未整治完成，矿山在 4 线以西开展基建工作的同时，应继续对东部老采场的高陡边坡进行整治。

该矿山为基建矿山，矿山类型属于山脊型露天矿山，目前矿山采矿许可证在有效期内，矿山通过调整矿区范围可实现水平分层开采法开采。

调整后的矿区范围基本沿等高线和山谷划界，符合水平分层开采法开采的要求，从而达到环境影响最小、修复治理效果最佳。调整后生产规模约 500 万 t/a，服务年限约 21a。本区矿石主要用于烧制石灰，烧制的石灰主要用于冶金熔剂使用，矿山最终产品为破碎后粒径 0~120mm 的原矿碎块。

### 2.4.3.2 三维地质模型的构建

1）建模步骤

首先整理矿山原始地质资料→通过数据导入建立地质数据库→显示三维钻孔并圈定矿体→通过矿体解译构建实体模型→构建品位块体模型→在品位模型基础上估算资源量。

2）矿体圈定

矿石工业类型为冶金熔剂用白云岩，结合本矿区的实际情况，依据《矿产地质勘查规范　菱镁矿、白云岩》(DZ/T 3408—2020)，确定工业指标如下。

(1) 化学成分。

边界品位：$MgO \geqslant 15\%$、$Al_2O_3 + Fe_2O_3 + Mn_3O_4 + SiO_2 \leqslant 10\%$，其中，$SiO_2 \leqslant 4\%$。

工业品位：$MgO \geqslant 16\%$、$Al_2O_3 + Fe_2O_3 + Mn_3O_4 + SiO_2 \leqslant 10\%$，其中，$SiO_2 \leqslant 4\%$。

(2) 矿山开采技术条件。

可采厚度：$\geqslant 8.0m$；

夹石剔除厚度：$\geqslant 2.0m$；

采场最终边坡角：$\leqslant 60°$；

采场最终底盘最小宽度：60m；

爆破安全距离：不小于 300m；

剥采比$\leqslant 0.5:1$；

最低开采标高：440m。

3)实体模型的建立

根据矿山原始地质资料以及现场实测,分别建立了地表三维倾侧模型(图2-12)和勘探线三维可视模型(图2-13)。

图 2-12　地表三维倾侧摄影图

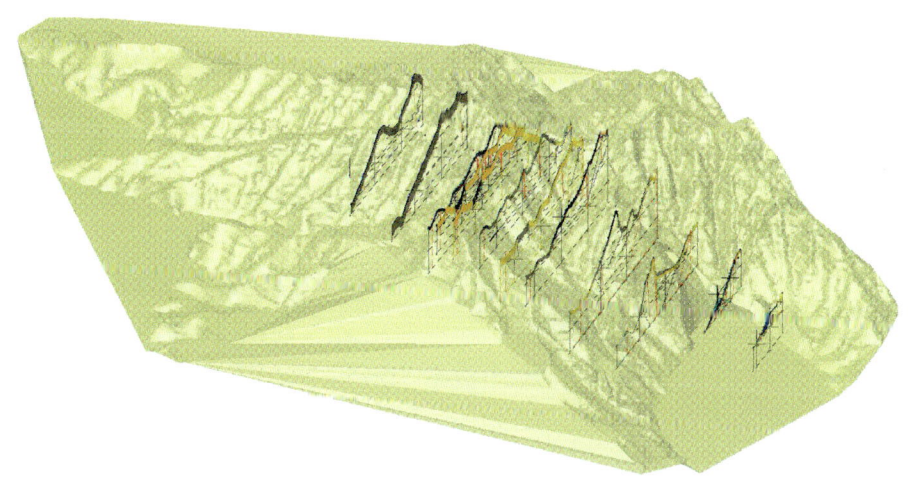

图 2-13　勘探线三维可视化图

4)数字地表模型(DTM)

本区地处冀北山区燕山山脉,地形陡峻,地貌属低山区,海拔301.2～764.6m,相对高差463.4m,地势西高东低,东西向沟谷较发育。地形为中等切割,剥蚀较强烈。

由于不具有高程属性的等高线,需要进行高程赋值预处理。矿区已建立了数字地表模型(图2-14)。

5)矿体模型(3DM)

矿体模型的构建是三维地质建模的主体,也是后续进行矿区石灰岩矿床资源量计算的基础,所以,模型构建的准确性和合理性显得非常重要。

矿区内白云岩矿为层状沉积矿床。矿层产于中元古界长城系高于庄组三段上部,地层走向75°,倾角83°～87°。岩性主要可以分为白云质灰岩、白云岩、含燧石条带白云质灰岩等自然层,详述如下。

白云质灰岩:出露于矿区北侧,灰色—灰黑色中厚层粗粒白云质灰岩,层厚一般为20～30m,地层产状:倾向345°,倾角83°～85°。为矿层顶板。

白云岩:矿区范围内广泛、连续出露,灰白色,粉晶结构,中厚层状产出,层厚150～410m,矿层产状:倾向345°,倾角85°。为矿层。

图 2-14　地表模型图

含燧石条带白云质灰岩：矿区范围之外出露，灰黑色，含燧石条带白云质灰岩。岩层产状：倾向 345°，倾角 83°。为矿层底板。

矿区内共圈定 1 个层状矿体，位于矿区中部，编号为Ⅰ号矿体。矿体为灰白色中厚层粉晶白云岩，呈层状产出。通过以往槽探、钻探工程连续取样，矿层在矿区内 1—7 勘查线间展布，矿层出露标高 305.0～760.0m，出露宽度 150～410m，走向长 1420m，厚度 115.84～395.30m，平均厚度 231.71m，延伸 302.0m，矿体走向 75°，倾向 345°，倾角 85°。矿层底板为含燧石条带白云质灰岩，硅质成分含量较高。顶板为灰色—灰黑色中厚层粗粒白云质灰岩。

为了准确描述矿体的实际空间分布形态，综合考虑了多种方法。此次采用基于勘探线剖面图的矿体模型构建方法，辅以矿体边界线和钻孔数据，建立了矿体的实体模型。最后，将构建好的矿体模型与地表模型进行叠加，生成三维显示图（图 2-15）。

图 2-15　地表与矿体叠加模型图

## 2.4.3.3 水平分层开采法开采前后露天终了效果展示(图2-16、图2-17)

图 2-16 水平分层开采法开采前终了效果图

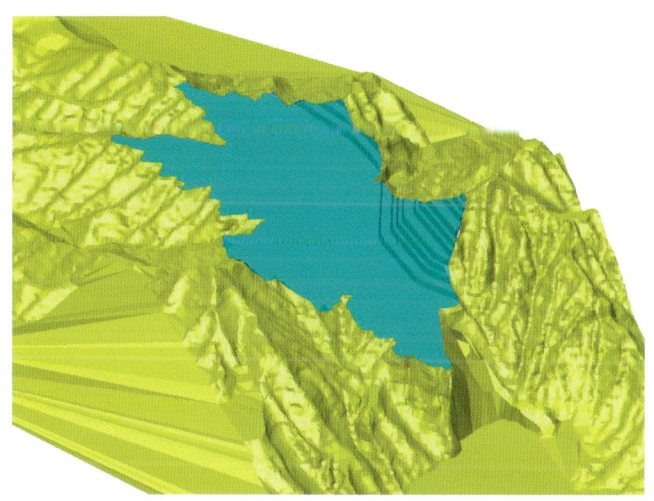

图 2-17 水平分层开采法开采后终了效果图

矿山属于拟调整矿区范围实现水平分层开采法开采的矿山,前后最终平台面积、边坡数量、边坡高度及最终边坡角发生变化。具体内容如表 2-5 所示。

表 2-5 矿山水平分层开采法开采前后对照表

| 编号 | 矿山名称 | 水平分层开采法开采基本情况 | | | | | | | | |
|---|---|---|---|---|---|---|---|---|---|---|
| | | 最终平台面积(万 m²) | | 边坡数量(面) | | 边坡高度(m) | | 最终边坡角(°) | | 生产规模(万 t/a) |
| | | 之前 | 之后 | 之前 | 之后 | 之前 | 之后 | 之前 | 之后 | 之前 | 之后 |
| 2 | 某白云岩矿 | 1.08 | 58.85 | 4 | 2 | 240 | 180 | 50 | 39.7 | 220 | 500 |

矿山水平分层开采法开采后,最终底部平台面积大大增加,矿山生产态环境再造的可能性多样化,生态修复的经济性和可持续性显著提升。

生产规模由中型调整到大型,使得矿产资源规模化开发利用,提高了矿山的经济效益,促进了当地经济发展,增加了当地就业岗位。

边坡数量由4面减少到2面,边坡高度由240m减小到180m,从高边坡调整到中高边坡;最终边坡角由50°减小到39.7°,从陡边坡调整到缓边坡。水平分层开采法开采后从本质上解决了矿山边坡安全问题,可以有效地减少边坡滑坡、垮塌等安全事故。

#### 2.4.3.4 开采终了境界形态分析

1)拟设矿区范围内保有资源量

拟调整矿区范围内保有资源储量 16 217.26 万 t。

2)终了境界平面形态

开采终了后共形成一个采场,最终平台面积为 58.85 万 m²。最终境界周长为 5423m,其中边坡长度 1917m,占比 35%;平台开口长度 3506m,占比 65%。

3)最终边坡

调整矿区范围后开采终了境界局部存在北部、南部两面边坡,边坡最大高度为 180m,属于中高边坡;最终边坡角为 39.7°,属于缓边坡。开采结束后,不会形成高陡边坡,有利于采场边坡的长期安全稳定。

4)设计开采平台

开采平台设计台阶高度 20m,设计安全平台宽度 10m,每隔 2 个安全平台设计一个宽平台(兼作清扫平台),宽平台宽度为 25m。

5)终了底平台

终了底平台坡度为 0°~6°,形成一个大平台,即 540m 平台,终了底平台面积 58.85 万 m²(图 2-18)。

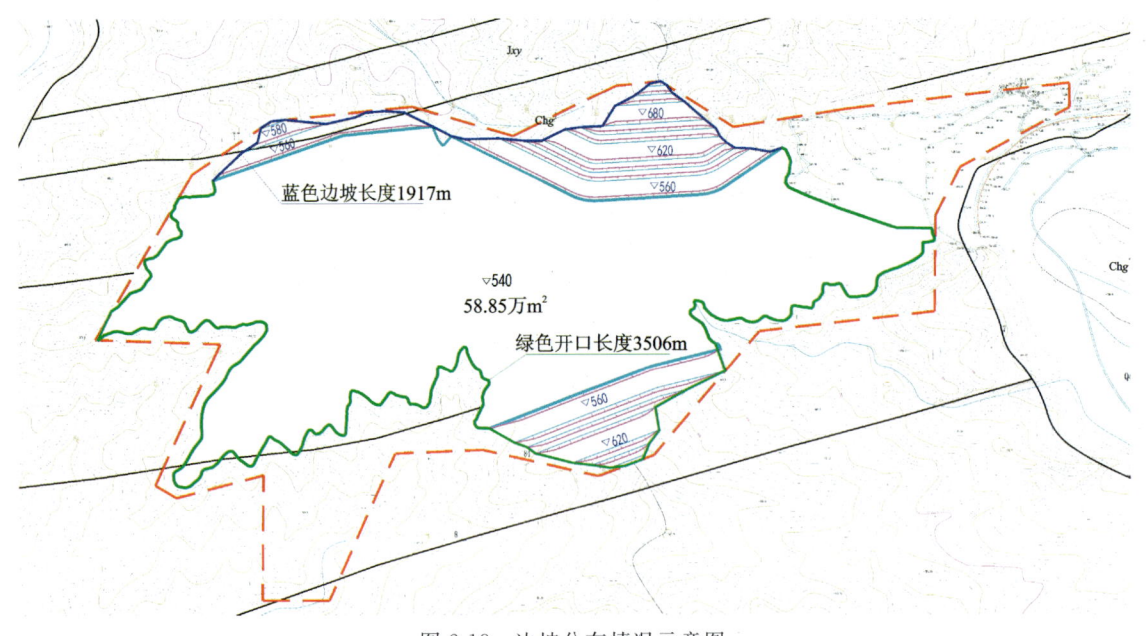

图 2-18 边坡分布情况示意图

6)周边环境安全问题

调整范围符合国土空间规划、矿产资源总体规划,区内无永久基本农田、生态保护红线、城镇开发边界、自然保护区、风景名胜区、饮用水水源保护区、地质遗迹保护区和文物保护单位的保护范围,不在铁路高速公路国道两侧各1000m范围内,附近300m内无相邻采矿权设置,符合爆破安全距离。

#### 2.4.3.5 矿山闭坑后再利用

矿山闭坑后将矿山活动破坏的土地恢复到可供利用的状态,可达到改善矿区生态环境,实现土地资源的可持续利用,促进经济和环境和谐发展的目的。

矿山破坏的土地类型主要为乔木林地、其他草地和采矿用地,面对矿山对地面的挖损和占压,土地利用现状的改变影响了原有自然体系的功能,因此应进行合理的设计,尽量使其恢复原有生态功能或使这种功能的损失降到最低。综合考虑可行性与经济效益,可将其恢复为乔木林地和其他草地。

露天采区底部平台占地面积约58.85万$m^2$,为保证土地复垦时有足够的表土资源,未损毁的表土层在开采前进行全部剥离。开采完毕后,平台采用机械与人工相结合的方式进行简单的土地平整,采用平地机对土地进行平整,挖高填低、挖凸填凹,平整后地表高差不宜过大。

露天采场底部平台可恢复为有林地。矿区位于燕山北部,适合种植的乔木可选择刺槐,刺槐选用1年半到2年半生苗栽植,苗木胸径3~4cm,树坑规格直径0.4m,坑深0.5m,株行距3.0m×2.0m。

露天采场台阶为宽平台,可恢复为有林地。在每个台阶外缘砌筑干砌石矩形挡土墙并进行覆土,可栽种刺槐,规格同采场底部平台。

矿山土地经恢复治理后,可有效避免或减少矿山地质环境问题,改善矿区生态环境,最大限度地减少耕地破坏。具有显著的社会效益、环境效益和经济效益。

社会效益:可以避免矿山开发建设损毁土地,消除矿山地质环境问题,改善矿区及周围地区人民群众的生活和生产环境,促进农业生产和矿山事业的发展,而且保证矿区经济的可持续发展,实现矿产资源开发利用和环境保护与复垦协调发展,人与自然和谐发展。

环境效益:可以减轻或避免矿山地质环境问题的产生,确保矿山持续、正常生产,可有效改善区域内的生态环境。

据科学研究,$1hm^2$林地1天可吸收1t二氧化碳,释放0.73t氧气。每年释放氧260t,同化二氧化碳360t,保土保肥效益和蓄水效益明显。

实践证明,只要措施得当,通过治理与复垦,不仅能改善和保护局部小环境,还可以有效促进生态环境建设和生态环境的改善,从而进一步改善矿区整体生态环境。对矿山开采过程中被损毁的土地及其影响范围按照"合理布局、因地制宜"的原则进行治理复垦,采取种植农作物、植树种草、水土保持等措施,建立起新的林草土地利用生态体系,形成新的人工和自然景观,这样可使矿山开采对生态环境的影响降到最低,遏制生态环境的恶化,改善矿区及其周边地区的生产、生活和生态环境。

经济效益:通过本次治理与复垦后,损毁土地大部分复垦为农用地。经济效益良好。

### 2.4.4 典型矿山3:某建筑石料用片麻岩矿

#### 2.4.4.1 矿山概况

目前矿区内形成的3个采坑,编号CK1、CK2、CK3。这3个采坑均是2008年之前开采,10余年矿山一直未进行生产。Ⅰ矿体内的采坑编号为CK1、CK2,其中CK1采坑南北长约120m,东西宽约81m,

坑底标高154m,最大高差23.4m,台阶坡面角50°;CK2采坑东西长约77m,南北宽约72m,坑底标高170m,最大高差17.56m,台阶坡面角约60°;Ⅱ矿体内的采坑编号为CK3,东西长约175m,南北宽约30m,坑底标高190m,最大高差13.5m,台阶坡面角约66°。3个采坑高差不大且边坡较缓,边坡稳定。Ⅰ、Ⅱ矿体之间LCK1、LCK2为办证前村民所采老采坑,其中LCK1采坑南北长约35m,东西宽约49m,坑底标高160m,最大高差18m;LCK2采坑南北长约42m,东西宽约48m,坑底标高170m,最大高差20m。

矿山目前处于停产状态,矿山类型属于孤山型露天矿山,矿石现状下可实现水平分层开采法开采。需要进一步优化方案设计,提升开发利用水平。

优化方案如下:根据水平分层开采法开采技术要求及矿体赋存标高,开采最终形成大平台,不留设边坡,开采终了形成150m、160m两个较大的平台,在1—2线间形成了5°的缓坡。

#### 2.4.4.2 三维地质模型的构建

1)建模步骤

首先整理矿山原始地质资料→通过数据导入创建地质数据库→显示三维钻孔并圈定矿体→通过矿体解译构建实体模型→构建品位块体模型→在品位模型基础上估算资源量。

2)矿体圈定

工业指标参照原规范《玻璃硅质原料、饰面石材、石膏、温石棉、硅灰石、滑石、石墨矿产地质勘查规范》(DZ/T 0207—2002),本次核实在原报告工业指标的基础上按照新规范《饰面石材矿产地质勘查规范》(DZ/T 0291—2015)的一般工业要求,个别指标稍有变动,增加了放射性比活度及耐磨性等内容,确定如下工业指标。

(1)装饰性能。

颜色:色调均匀一致,花纹美观自然大方,石胆、色线和色斑不发育,拼接性好。

结构:致密坚硬均一。

抛光性:板材抛光后具镜面光泽,表面整洁,无裂纹、麻点。

(2)放射性水平分类。

放射性:A类建筑用石材 $I_{Ra}\leqslant 1.0$、$I_r\leqslant 1.3$。

(3)荒料率及荒料规格。

荒料率:≥18%;荒料规格:长度(cm)×宽度(cm)×高度(cm)(小料:≥65×40×70)。

(4)物理性能。

体积密度:≥2.56g/cm$^3$;吸水率:≤0.60%;压缩强度:≥100.0MPa;弯曲强度:≥8.0MPa;耐磨性:≥251/cm$^3$。

(5)开采技术条件。

可采厚度:3m;夹石剔除厚度:2m;开采最终边坡角:≤60°;露天采场最小底盘宽度:≥20m;剥采比:≤0.5∶1;爆破安全距离:≥300m;最低侵蚀基准面标高:110m。

3)实体模型的建立

根据矿山的地质资料,建立了勘探线三维可视模型(图2-19)。

4)数字地表模型(DTM)

矿区地处太行山北段东麓丘陵地带,海拔标高110~253.6m,相对高差143.6m。第四系分布广泛,植被不发育,区内基岩裸露。区内属大沙河流域,水系不发育。

由于不具有高程属性的等高线,需要进行高程赋值预处理。矿区已建立了数字地表模型(图2-20)。

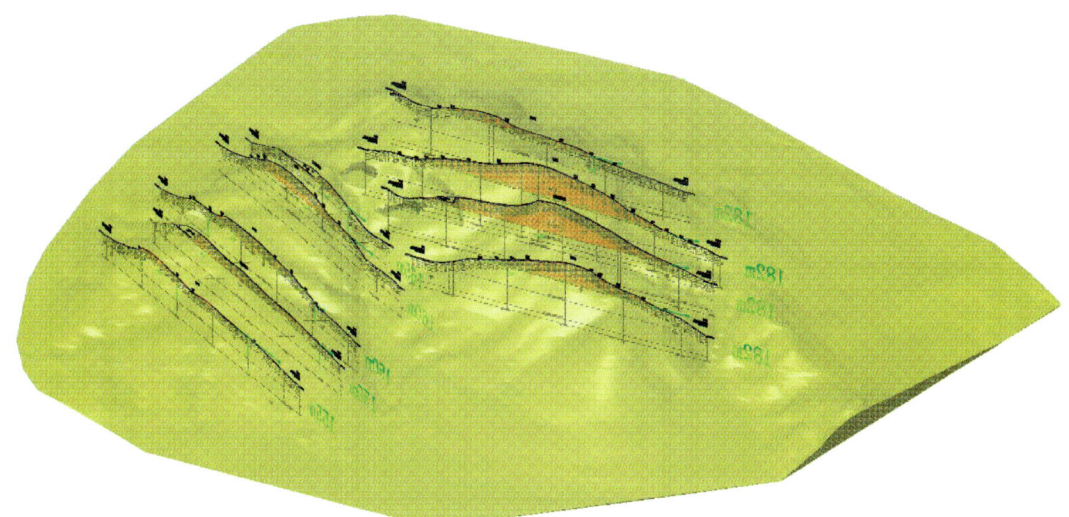

图 2-19　勘探线三维可视化图

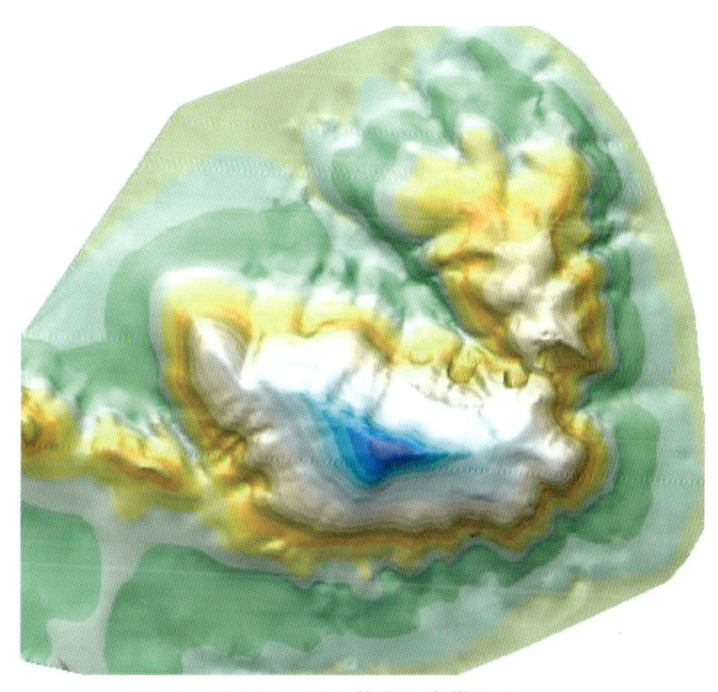

图 2-20　矿山数字地表模型图

5) 矿体模型(3DM)

矿区赋矿层位为新太古界湾子岩群下岩组二段地层,主要矿石类型为二长浅粒岩,与底板黑云角闪斜长片麻岩片麻理产状基本一致、界线较清楚。岩性单一,片麻理较发育,矿体呈单斜层状产出,沿走向、倾向延伸较稳定。

矿区南、北共分布有两个矿体,平面形态呈馒头状分布于山坡之上,矿体编号为Ⅰ、Ⅱ。

Ⅰ矿体:由JB1—JB18取样点控制。出露南北长约455m,东西宽约340m,赋存标高148～193.7m,产状252°～335°∠2°～8°,剖面控制矿体最大厚度为34m。

Ⅱ矿体:由JB19—JB45取样点控制。出露东西长约565m,南北宽约350m,赋存标高168～253.6m,产状243°～265°∠3°～6°,剖面控制矿体最大厚度为63m。

矿区内地表基岩露头良好,基本无覆盖层,风化程度相对一般,风化深度小于1m。

矿区内因受 F4 正断层及邻近的区域性深断裂构造影响,节理裂隙较发育,其中,主要在 F4 正断层上下盘约 15 m 范围形成了节理密集区;其他部位节理分布较均衡,无明显的节理密集带产出。节理走向较杂乱,但以陡倾纵节理为主,对矿体成材率影响较小。

为了精确描绘矿体的实际空间分布形态,综合运用了多种方法和技术。此次,主要采用了基于勘探线剖面图的矿体模型构建方法,同时结合矿体边界线和钻孔数据,以确保模型的准确性和完整性。通过这种综合方法,建立了矿体的实体模型。为了更直观地展示矿体与地表的关系,将构建好的矿体模型与地表模型进行了叠加,生成了清晰、直观的三维显示图(图 2-21)。

图 2-21　地表与矿体叠加模型图

#### 2.4.4.3　水平分层开采法开采前后露天终了效果展示(图 2-22、图 2-23)

图 2-22　水平分层开采法开采前露天终了效果图

# 第 2 章 非金属露天矿山水平分层开采现状

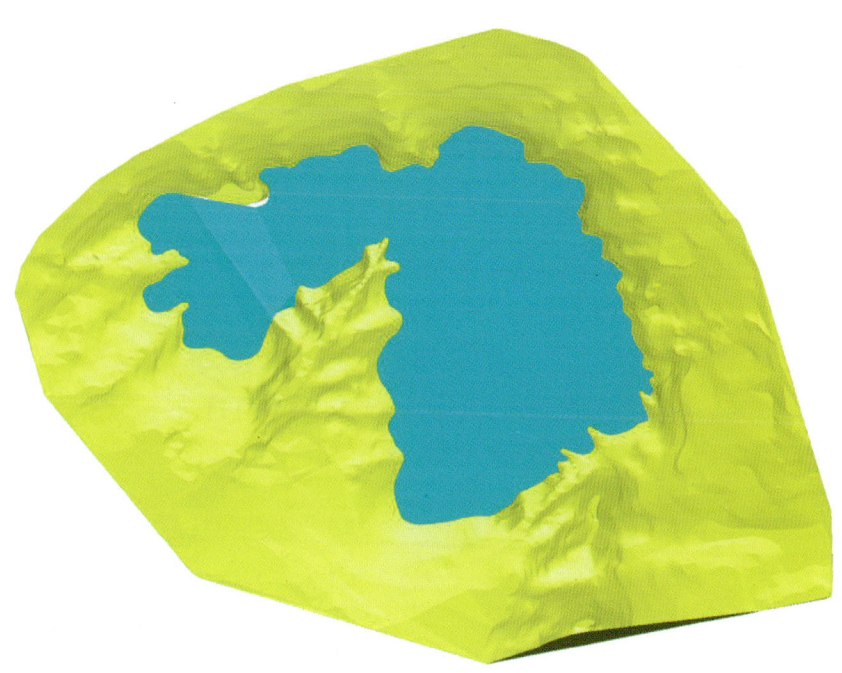

图 2-23 水平分层开采法开采后露天终了效果图

矿山属于调整开发利用方案实现水平分层开采法开采的矿山,水平分层前后最终平台面积、边坡数量、边坡高度及最终边坡角发生变化。具体内容如表 2-6 所示。

表 2-6 矿山水平分层开采法开采前后对照表

| 编号 | 矿山名称 | 水平分层开采法开采基本情况 | | | | | | | |
|---|---|---|---|---|---|---|---|---|---|
| | | 最终平台面积(万 m²) | | 边坡数量(面) | | 最终边坡高度(m) | | 最终边坡角(°) | |
| | | 之前 | 之后 | 之前 | 之后 | 之前 | 之后 | 之前 | 之后 |
| 3 | 某建筑石料用片麻岩矿 | 4.36 | 45.77 | 4 | 0 | 19 | 0 | 23 | 0 |

矿山水平分层开采法开采后边坡数量大大减少,最终底部平台面积增加,边坡高度减小,最终边坡角度变小。

矿山水平分层开采法开采后,最终底部平台面积大大增加,矿山生产态环境再造的可能性多样化,生态修复的经济性和可持续性显著提升。

边坡数量由 4 面减少到无边坡,边坡高度由 19m 减小到 0m;最终边坡角由 23°减小到 0°,从有边坡调整到无边坡。水平分层开采法开采后从本质上解决了矿山边坡安全问题,可以大大减少边坡滑坡、垮塌等安全事故。

### 2.4.4.4 水平分层后开采终了境界形态分析

1)矿区范围内保有资源量

采矿权界内保有资源量(332+333)618.77 万 m³(1 633.55 万 t),荒料量 136.32 万 m³(359.88 万 t),荒料率为 22.03%。其中:控制的内蕴经济资源量(332)554.46 万 m³(1 463.77 万 t),荒料量 122.15 万 m³(322.48 万 t)。

推断的内蕴经济资源量(333)64.31 万 m³(169.78 万 t),荒料量 14.17 万 m³(37.41 万 t)。

2)终了境界平面形态

开采终了后共形成一个采场,最终平台面积 45.77 万 m²(45.77hm²)。最终境界周长为 4390m,矿区北部有坡度 5%、从 160m 到 150m 的缓坡,周边无边坡。最终形成两个大平台,160m 平台面积:41.3 万 m²;150m 平台面积:4.4 万 m²(图 2-24)。

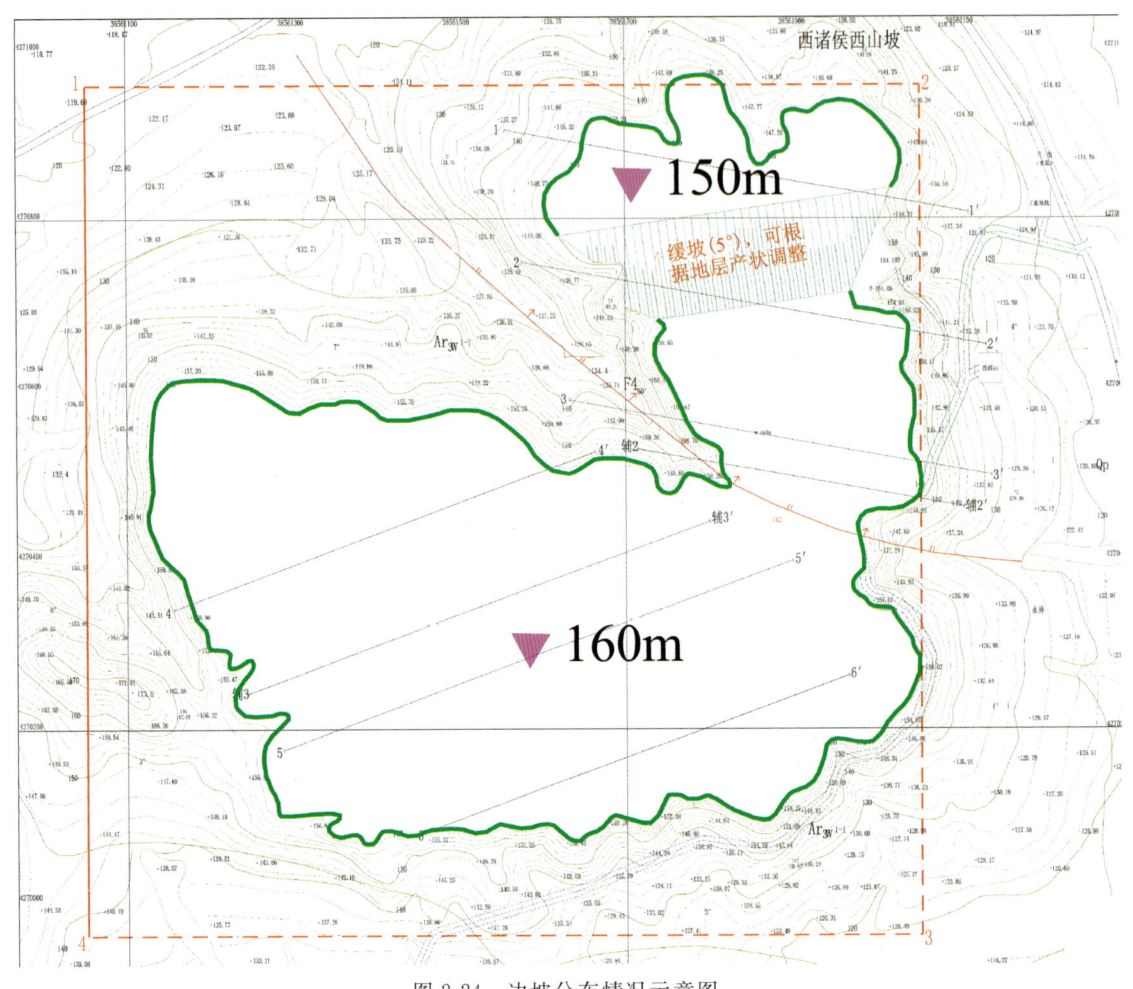

图 2-24 边坡分布情况示意图

3)设计利用资源量

露天开采境界内矿石量(控制+推断)592.47 万 m³(1 564.11 万 t),荒料量 130.52 万 m³(344.57 万 t),荒料率 22.03%,剥离量 718.49 万 m³,剥采比 1.21∶1。设计损失资源量 26.3 万 m³。设计资源利用率 95.75%。

4)周边环境安全问题

该矿权周边 300m 范围内无其他矿山企业。

### 2.4.4.5 矿山闭坑后再利用

矿山闭坑后将矿山活动破坏的土地恢复到可供利用的状态,可达到改善矿区生态环境,实现土地资源的可持续利用,促进经济和环境和谐发展的目的。

矿山为孤山型山坡露天矿山,采用水平分层开采法开采后形成 45.77hm² 的宽平台,不留边坡,开采完毕后可将其复垦为果园。

矿山位于太行北段山丘区，可选择种植苹果。

采用推土机对拆除清理后的场地进行平整，同时清理场地内的岩土混合物、石渣等遗留建筑垃圾。考虑排水问题，机械平整时将高处土壤向低处回填，使平整后的地面向一侧形成一定的坡角，便于自流排水，平整后的地面坡度控制在10°以内。

苹果树栽植采用穴状坑进行，株行距为5m×6m。种植树木季节以春、秋为宜。一般只在定植时在穴内浇水，待成活以后主要依靠自然降水。

近年来，矿山所在县深入推进农业供给侧结构性改革，坚持以产业振兴助推乡村全面振兴，着力调结构、提质量、强动力，全力构建品质生活之城。为优化产业布局，立足资源禀赋和产业基础，坚持宜林则林、宜果则果、宜养则养，打造"三带三区"特色产业格局。

目前，矿山所在县建成果树园区9家，以鸭梨、红枣、苹果等特色产品为重点。其中苹果比较适于在山地、坡地栽培。

综上所述，矿山闭坑后复垦为苹果园可行性较高且具有良好的经济效益。

### 2.4.5 典型矿山4：某玻璃用白云岩、冶金用白云岩、建筑用白云岩矿整合区

#### 2.4.5.1 整合区概况

参与整合的矿山有两个，分别是某采石场和某工贸有限公司。两个矿山情况如下。

1）某采石场

矿山开采矿种为建筑用白云岩；开采方式为露天开采；生产规模为16万t/a；开拓方式为公路开拓-汽车运输开拓系统；采矿方法为露天水平台阶采矿法；开采顺序为自上向下分台阶开采；设计开采回采率为98%，损失率为2%，剩余服务年限约20.0a。

2）某工贸有限公司

矿山开采矿种为冶金用白云岩、建筑用白云岩；开采方式为露天开采；生产规模为50.00万t/a；开拓方式为公路开拓-汽车运输方案；采矿生产工艺流程为穿孔—爆破—铲装—运输；开采顺序为由上向下台阶开采；设计开采回采率为98%，损失率为2%，剩余服务年限为8.2a。

两个矿山目前处于停产状态，矿山类型属于山脊型露天矿山，矿山通过整合重组可实现水平分层开采法开采。

整合后矿区范围基本沿等高线和山谷划界，符合水平分层开采法开采的要求，从而达到环境影响最小、修复治理效果最佳。整合后开采矿种为玻璃用白云岩、冶金用白云岩、建筑用白云岩；生产规模约300.00万t/a，预计服务年限约16.7a。

整合区内原采矿权位于山坡，为减少露天矿山高陡边坡，最大利用矿山资源，做到可利用资源最大化，将原采矿权所处山体与西侧山体矿产资源划入整合区。本次整合布置原则落实水平分层开采法开采模式：开采最终形成大平台，留设缓边坡，开采终了形成标高110m和104m两个大平台，最终边坡高度为76m，最终边坡角为42°。

#### 2.4.5.2 三维地质模型的构建

1）建模步骤

首先整理矿山原始地质资料→通过数据导入创建地质数据库→显示三维钻孔并圈定矿体→通过矿

体解译构建实体模型→构建品位块体模型→在品位模型基础上估算资源量。

2) 数字地表模型(DTM)

矿山地处燕山南麓,盆地南部的狼窝山北坡,属构造剥蚀丘陵地貌,区内地形切割强烈,山脊狭长,主体走向为北东。区内最高峰为矿区西南220m的狼窝山主峰,海拔标高240.3m,矿区东部850m的邱庄水库上游支流娘娘庄河河床标高约70m,高差170.3m,基岩裸露区地形坡度30°～40°,北部第四系覆盖区地形坡度5°～15°,地貌形态较复杂。

矿山采用露天开采,地势南高北低,矿界最高点海拔标高240.3m,最低开采标高85m,位于最低侵蚀基准面(标高78m)以上,地形条件有利于采场自然排水。

由于不具有高程属性的等高线,需要进行高程赋值预处理。矿区已建立了数字地表模型图(图2-25)。

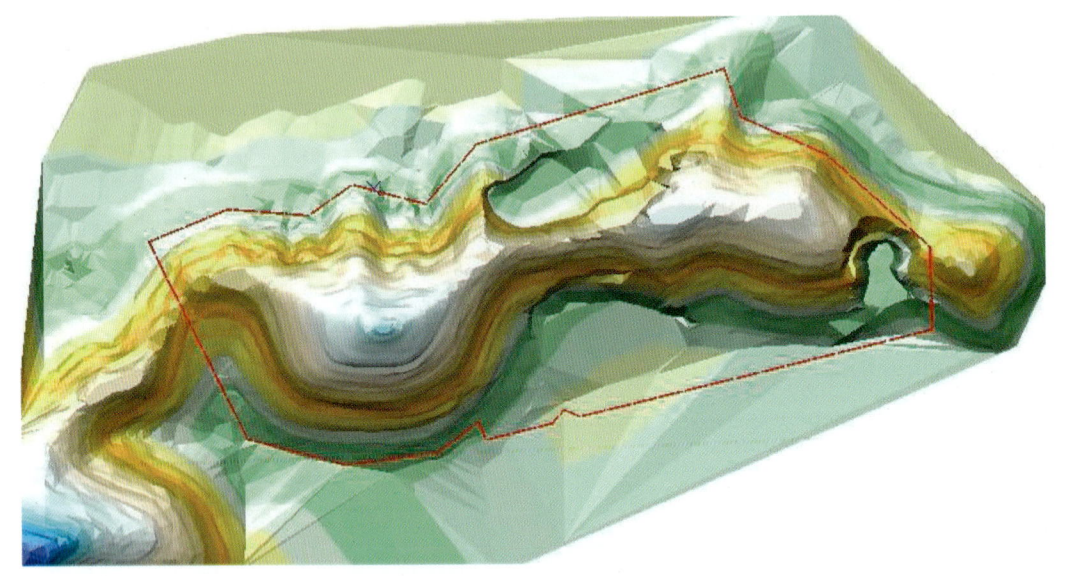

图2-25 地表模型图

3) 矿体模型(3DM)

区内圈定主矿产玻璃用白云岩矿体1条,与主矿产共生矿产冶金用白云岩矿、建筑用白云岩矿各1条,矿体特征如下:

玻璃用白云岩矿体位于东南部,产于高于庄组四段第二层巨厚层白云岩中,与冶金用白云岩矿产于同一层位,呈北东东向延伸,矿体整体控制长度664m,采矿权界内矿体出露长度364m,厚度51.43～173.10m,平均厚度119.97m,矿体平均产状337°∠41°～49°,赋存标高80～190.1m。

冶金用白云岩矿体位于矿区中西部,产于高于庄组四段第二层巨厚层白云岩中,呈北东东向延伸,矿体整体控制长度385m,采矿权界内矿体出露长度335m,厚度7.12～74.43m,平均厚度56.40m,矿体平均产状337°∠40°～46°。

建筑用白云岩矿体位于整合区北侧,近东西向贯穿全区,产于高于庄组四段第三层薄层白云岩、硅质结核白云岩、硅质条带白云岩中,呈北东东向延伸,地表由采样线控制,矿体整体控制长度905m,厚度34.05～74.53m,平均厚度50.31m,矿体平均产状337°∠40°～49°。

为了精确描绘矿体的实际空间分布形态,综合运用了多种方法和技术。此次,主要采用了基于勘探线剖面图的矿体模型构建方法,同时结合矿体边界线和钻孔数据,以确保模型的准确性和完整性。通过这种综合方法,建立了矿体的实体模型。为了更直观地展示矿体与地表的关系,将构建好的矿体模型与地表模型进行了叠加,生成了清晰、直观的三维显示图。

## 2.4.5.3 水平分层开采法开采前后露天终了效果展示(图2-26、图2-27)

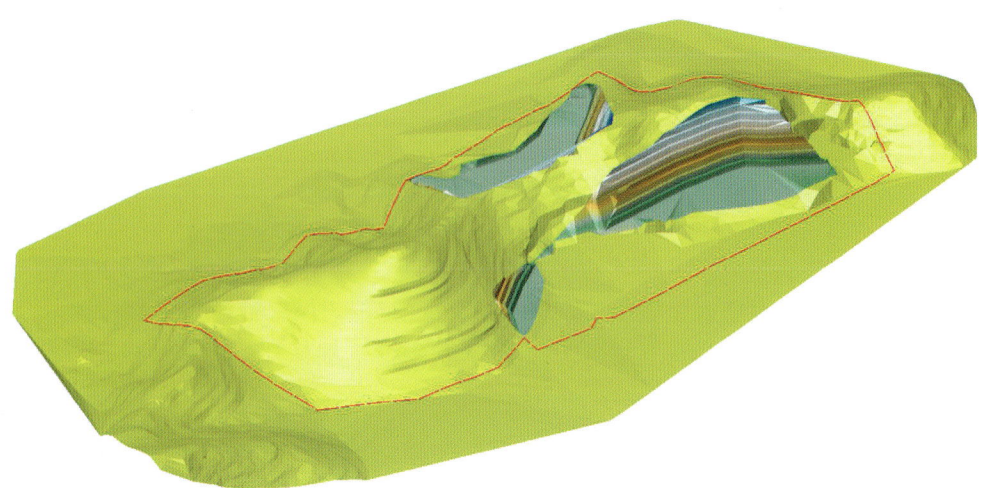

图 2-26 水平分层开采法开采前露天终了效果图

图 2-27 水平分层开采法开采后露天终了效果图

矿山属于拟与相邻矿山整合重组可实现水平分层开采法开采的矿山,水平分层前后最终平台面积、边坡数量、边坡高度及最终边坡角发生变化。具体内容如表2-7所示。

表 2-7 矿山水平分层开采法开采前后对照表

| 编号 | 矿山名称 | 水平分层开采法开采基本情况 | | | | | | | |
| --- | --- | --- | --- | --- | --- | --- | --- | --- | --- |
| | | 最终平台面积(万 m²) | | 边坡数量(面) | | 边坡高度(m) | | 最终边坡角(°) | |
| | | 之前 | 之后 | 之前 | 之后 | 之前 | 之后 | 之前 | 之后 |
| 4 | 某玻璃用白云岩、冶金用白云岩、建筑用白云岩矿整合区 | 5.68 | 38.59 | 4 | 2 | 90 | 76 | 58 | 42 |

矿山水平分层开采法开采后边坡数量减少,最终底部平台面积增加,边坡高度降低,最终边坡角度变小。

矿山整合重组水平分层开采法开采后,最终底部平台面积增加,可以改善矿山生态环境,通过调整土地类型增加矿山闭坑后经济效益。

边坡数量由4面减少到2面;边坡高度由90m降低到76m,最终边坡角由58°减小到42°。水平分层开采法开采后从本质上解决了矿山边坡安全问题,可以减少边坡滑坡、垮塌等安全事故。

#### 2.4.5.4 水平分层后开采终了境界形态分析

1)矿区范围内保有资源量

整合区合计白云岩矿保有资源量5 800.85万t;原矿区范围内保有资源量1 472.52万t;原矿权外保有资源量4 328.33万t,其中原矿权(某工贸有限公司)平面范围深部保有资源量42.49万t,原矿权外围保有(控制+推断)资源量4 285.84万t。

2)终了境界平面形态

开采终了后共形成一个采场,采场下口长×宽约190m×75m;采场上口约260m×130m,采场边坡高差26m,设计矿山开采台阶高度20m,设计安全平台宽度5m,设置1个安全平台。最终境界周长3214m,其中边坡长度1014m,占比31.5%;平台开口长度2200m,占比68.5%,二面边坡。最终形成110m和104m两个大平台,平台面积38.59万m²(图2-28)。

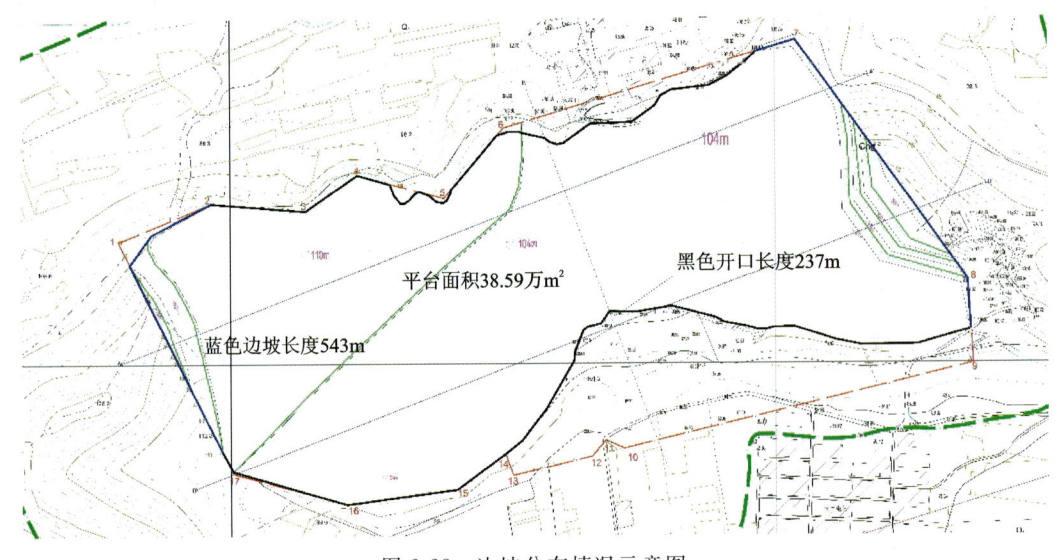

图2-28 边坡分布情况示意图

3)设计利用资源量

根据圈定的露天采场最终境界,设计利用资源量5 108.28万t,资源储量设计利用率91.35%。

4)周边环境安全问题

该矿权周边300m范围内无其他矿山企业。

#### 2.4.5.5 矿山闭坑后再利用

矿山闭坑后将矿山活动破坏的土地恢复到可供利用的状态,可达到改善矿区生态环境,实现土地资源的可持续利用,促进经济和环境和谐发展的目的。

# 第2章 非金属露天矿山水平分层开采现状

矿山破坏的土地类型主要为果园、有林地和采矿用地,面对矿山对地面的挖损和占压,土地利用现状的改变影响了原有自然体系的功能,因此应进行合理的设计,尽量使其恢复原有生态功能或使这种功能的损失降到最低。综合考虑可行性与经济效益,可将其恢复为乔木林地、灌木林地和其他草地。

为保证土地复垦时有足够的表土资源,未损毁的表土层在开采前进行全部剥离。开采完毕后平台采用机械与人工相结合的方式进行简单的土地平整,采用平地机对土地进行平整,挖高填低、挖凸填凹,平整后地表高差不宜过大。

露天采场台阶为宽平台可恢复为乔木林地。对开采平台进行覆土,覆土厚度为0.5m,开采平台覆土后栽植两排杨树,株行距为2m×2.0m,胸径3~5cm,苗龄1a,树坑直径0.5m×0.6m。平台内侧边坡坡脚栽植一行爬山虎,平台外沿坡肩处栽植葛藤,葛藤、爬山虎株距均为0.5m。对安全平台进行覆土,覆土厚度为0.3m,安全平台覆土后播撒乔灌混合型草籽,草种品种为野牛草2g/m²、紫花苜蓿5g/m²、披碱草2g/m²、沙打旺6g/m²;乔木草种品种主要为油松10g/m²、侧柏8g/m²、臭椿6g/m²;灌木草种品种主要为柠条6g/m²、紫穗槐5g/m²、荆条8g/m²。合计每平方米共播撒混合草籽58g。

露天采场底部平台恢复方式同安全平台。

矿山土地经恢复治理后,可有效避免或减少矿山地质环境问题,改善矿区生态环境,最大限度地减少耕地破坏。具有显著的社会效益、环境效益和经济效益。

社会效益:矿山地貌景观得以治理、恢复,有利于构筑和谐社会,缓解地方政府、矿山企业与当地居民的关系,互惠互利,达到携手并进、共同繁荣的社会效应,社会意义深远。以有效地防御矿山地质环境问题,保护附近居民、企业员工的生命财产安全,创造良好的人居环境。

环境效益:通过对矿山地质环境的治理和开发建设,矿区生态环境将会大大改善。破损山体边坡覆绿,环境优美,空气清新。植物的叶片可以洗尘、滞尘、吸收有毒物质,释放有益健康的杀菌物质,从而起到净化空气的作用。发达的根系可以固定砂土,减少水土流失,增加土壤的贮水能力。矿区生态系统将逐渐恢复涵养水源、保持水土、调节气候和净化大气的功能,具有巨大的生态环境效益。

经济效益:通过对矿山地质环境恢复治理工程,有效地防御了矿山地质灾害的发生,起到了减灾防灾的作用;有效地减轻了矿山地质灾害直接或间接的经济损失。矿山恢复治理后大部分地区成为可利用种植土地,植被经过几年的生长可达到防风固沙的效果。从长远来看,通过土地复垦可以改善矿区环境,吸引更多的有识之士来矿山服务,为矿山创造更多的价值。

## 2.4.6 典型矿山5:某建筑石料用石灰岩(碎石)矿

### 2.4.6.1 矿山概况

矿山开采矿种为建筑石料用石灰岩;开采方式为露天开采;生产规模为45万t/a。

矿区内的奥陶系冶里组($O_1y$)即为建筑用石灰岩(碎石)矿层。区内划分一个矿体,矿体平面形态为近长方形,东西向长约1050m,南北向宽约500m,面积0.53km²,海拔1250~1338.5m。矿体下部为梯形体,顶部为锥体,矿体呈层状,产状与地层产状一致,矿体呈单斜层状产出,倾向为140°,倾角为15°。

根据现场实地踏勘情况,矿山自建矿至今未对矿体进行开采,矿区范围内东部已形成部分边坡,经与矿山企业核实属于多年历史民采导致,矿山恢复治理时进行了处理。

该矿山目前停产,矿山类型属于山脊型露天矿山,矿山通过调整开发利用方案可实现水平分层开采法开采。通过进一步优化方案设计,提升开发利用水平。优化方案如下:

根据水平分层开采法开采技术要求及矿体赋存标高,开采最终形成大平台,留设缓边坡,开采终了形成底部标高1250m的大平台,边坡高度80m,最终边坡角42°。

2.4.6.2　三维地质模型的构建

1）建模步骤

首先整理矿山原始地质资料→通过数据导入创建地质数据库→显示三维钻孔并圈定矿体→通过矿体解译构建实体模型→构建品位块体模型→在品位模型基础上估算资源量。

2）数字地表模型（DTM）

矿区位于太行山北段东麓，涞源盆地的西北缘之中低山区，最高海拔1338m，最低海拔1048m，相对高差为290m。

本区地形图分高线不具有高程属性，需要进行高程赋值预处理。矿区已建立了数字地表模型图（图2-29）。

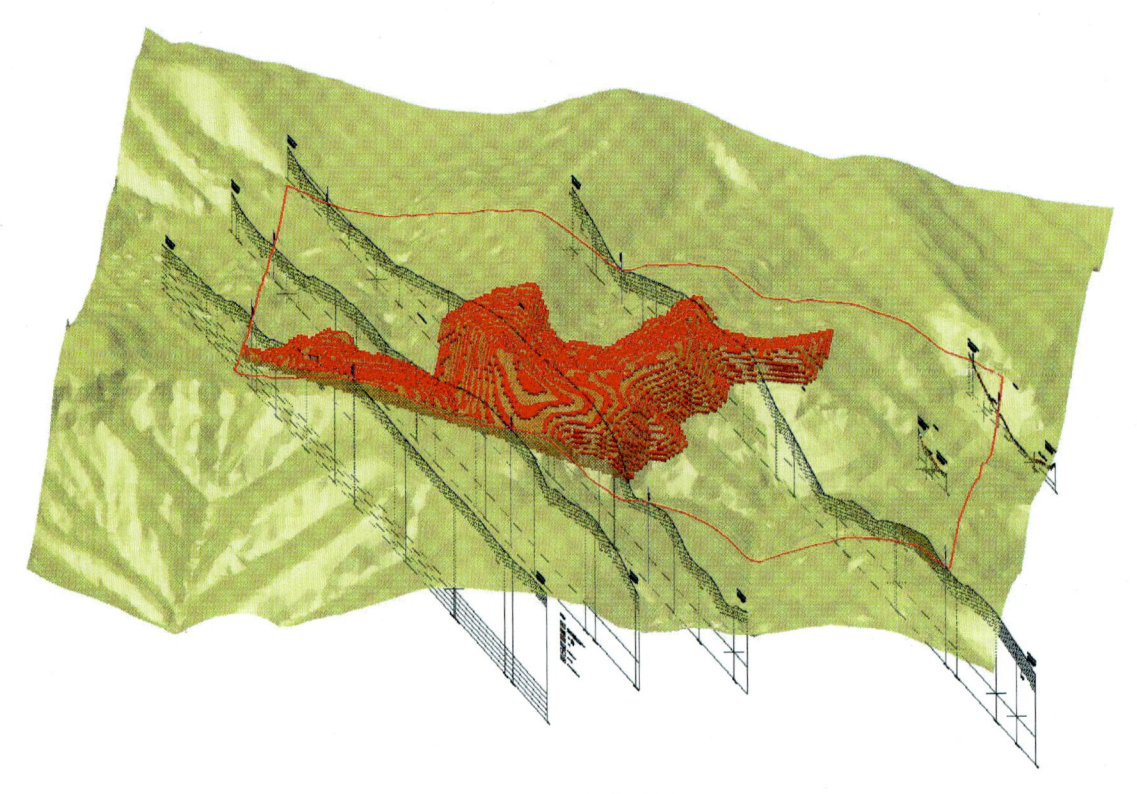

图2-29　地表模型图

3）矿体模型（3DM）

矿体模型的构建是三维地质建模的主体，也是后续进行矿区石灰岩矿床资源量计算的基础，所以，模型构建的准确性和合理性显得非常重要。

矿区内的奥陶系冶里组即为建筑用石灰岩（碎石）矿层。矿区的范围与建筑用石灰岩（碎石）矿矿层规模相同。区内划分1个矿体，矿体平面形态为近长方形，东西向长约1050m，南北向宽约500m，面积0.53km²，海拔1250～1338.5m。矿体下部为梯形体，顶部为锥体，矿体呈层状，产状与地层产状一致，矿体呈单斜层状产出，倾向为140°，倾角为15°。

为了精确描绘矿体的实际空间分布形态，综合运用了多种方法和技术。此次，主要采用了基于勘探线剖面图的矿体模型构建方法，同时结合矿体边界线和钻孔数据，以确保模型的准确性和完整性。通过这种综合方法，建立了矿体的实体模型。为了更直观地展示矿体与地表的关系，将构建好的矿体模型与地表模型进行了叠加，生成了清晰、直观的三维显示图（图2-30）。

# 第 2 章　非金属露天矿山水平分层开采现状

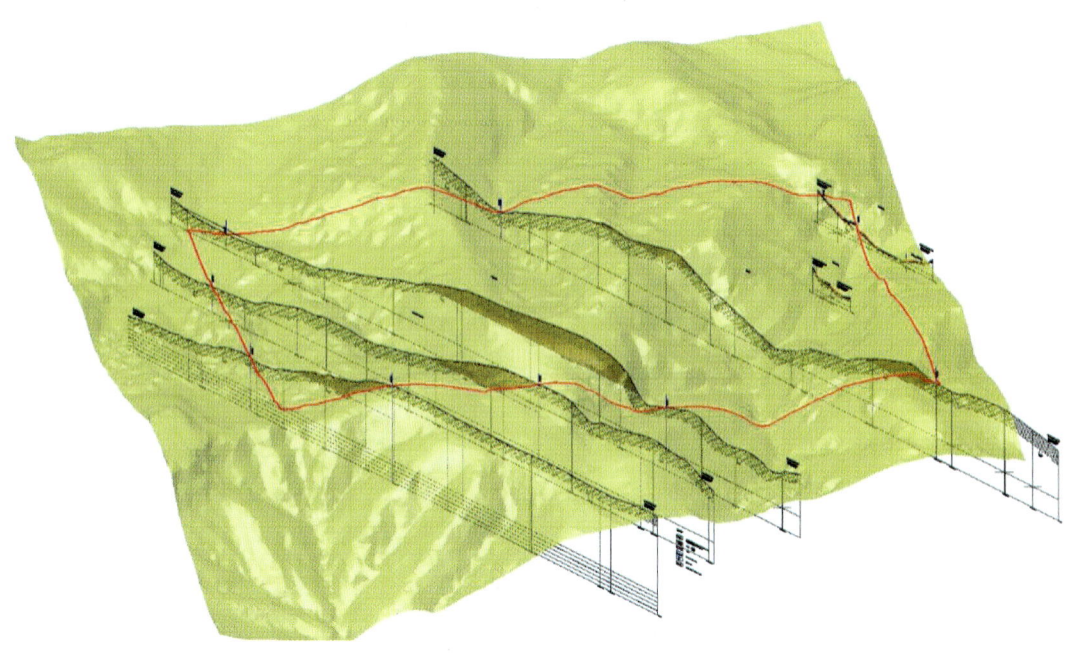

图 2-30　勘探线三维可视化图

## 2.4.6.3　水平分层开采法开采前后露天终了效果展示（图 2-31、图 2-32）

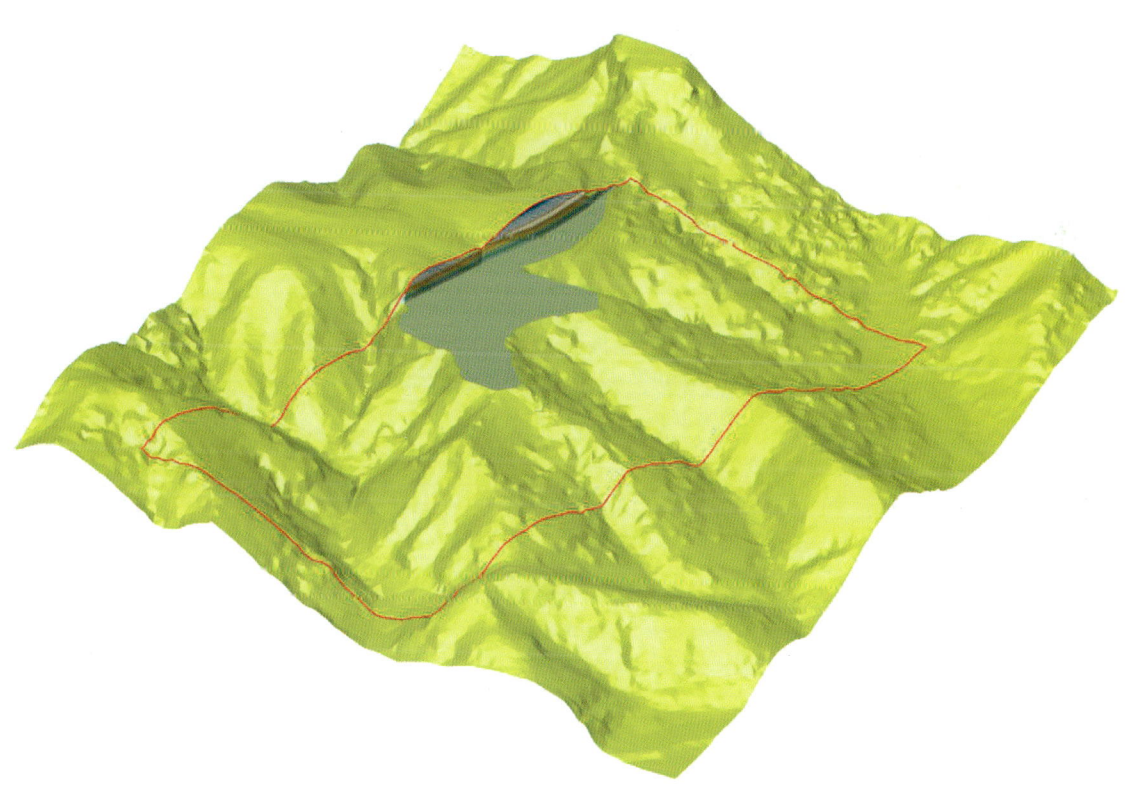

图 2-31　水平分层开采法开采前露天终了效果图

图 2-32 水平分层开采法开采后露天终了效果图

矿山属于调整开发利用方案实现水平分层开采法开采的矿山,前后最终平台面积变化不大,边坡数量、边坡高度均未发生变化,最终边坡角发生变化。具体内容如表 2-8 所示。

表 2-8 矿山水平分层开采法开采前后对照表

| 编号 | 矿山名称 | 水平分层开采法开采基本情况 | | | | | | | |
|---|---|---|---|---|---|---|---|---|---|
| | | 最终平台面积(万 m²) | | 边坡数量(面) | | 边坡高度(m) | | 最终边坡角(°) | |
| | | 之前 | 之后 | 之前 | 之后 | 之前 | 之后 | 之前 | 之后 |
| 5 | 某建筑石料用石灰岩(碎石)矿 | 13.49 | 1270m 平台:2.14,1250m 平台:12.45 | 1 | 1 | 80 | 80 | 60 | 42 |

矿山水平分层开采法开采后,最终平台面积稍微增加,由最底部 1 个 1250m 平台,调整为 1270m 平台和 1250m 平台,1270m 平台为宽平台,宽度 40m。通过平台的调整,将最终边坡角由 60°减小到 42°,最终边坡由陡边坡调整为缓边坡,从本质上解决了矿山边坡安全问题,可以降低边坡滑坡、垮塌等安全事故。

2.4.6.4 水平分层后开采终了境界形态分析

1)矿区范围内保有资源量

采矿权界内保有控制资源量 523.53 万 m³(1 392.59 万 t)。

2)终了境界平面形态

开采终了后共形成一个采场,露天采场上口尺寸为 620m(最长)×425m(最宽),下口尺寸为 500m(最长)×425m(最宽)。采场边坡高度 80m,台阶高度 20m,安全平台宽度 8m,设置 1 个宽(清扫)平台,平台宽度 40m。最终境界周长 2552m,其中边坡长度 791m,占比 31%;平台开口长度 1761m,占比 69%。一面边坡,最终形成两个大平台:1270m 平台为 2.14 万 m²;1250m 平台为 12.45 万 m²(图 2-33)。

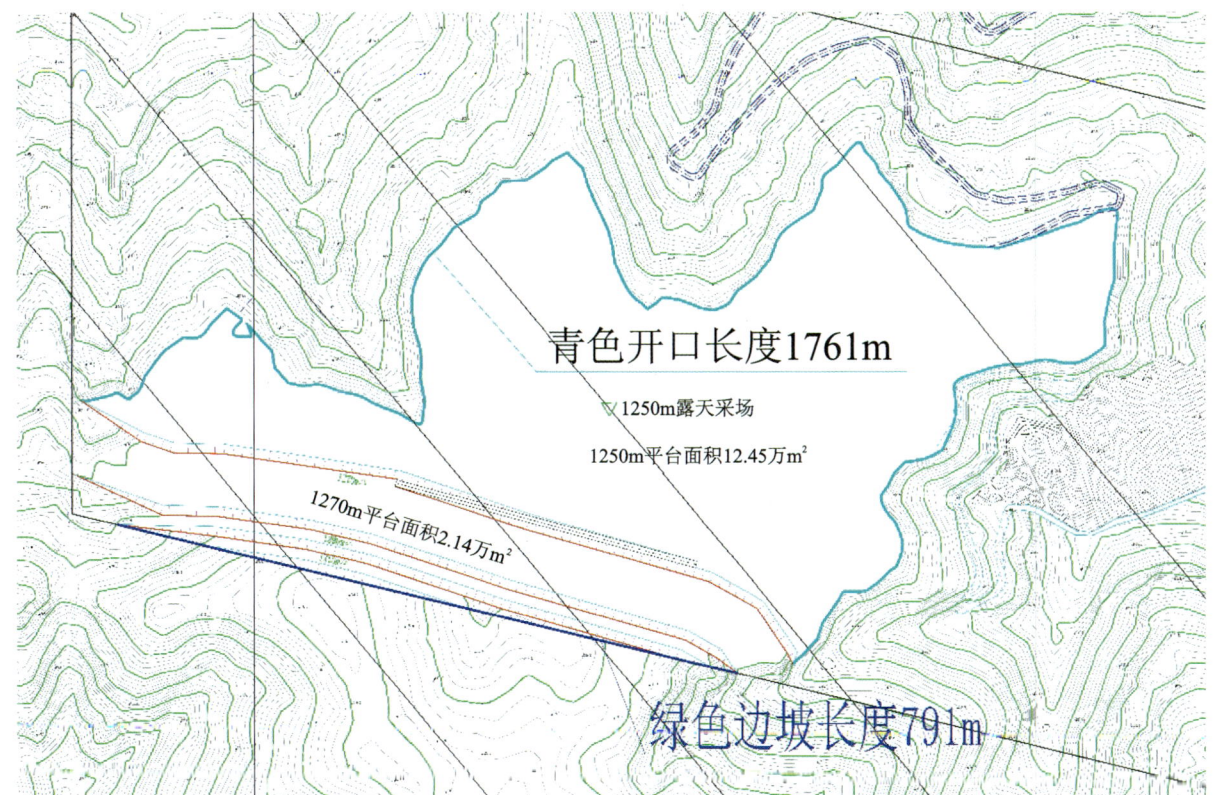

图 2-33 边坡分布情况示意图

3）设计利用资源量

根据圈定的露天采场最终境界，设计利用控制资源量 478.8 万 $m^3$（1 273.6 万 t），剥岩量为 116.06 万 $m^3$（308.73 万 t），平均剥采比为 0.24（t/t）。

4）周边环境安全问题

矿区周边环境比较简单，矿区 300m 内无居民居住，附近无农田、森林和交通干线。矿区周围爆破危险区范围之内无其他矿山开采。

### 2.4.6.5 矿山闭坑后再利用

矿山闭坑后将矿山活动破坏的土地恢复到可供利用的状态，可达到改善矿区生态环境，实现土地资源的可持续利用，促进经济和环境和谐发展的目的。

矿山破坏的土地类型主要为其他林地、其他草地和采矿用地，面对矿山对地面的挖损和占压，土地利用现状的改变影响了原有自然体系的功能，因此应进行合理的设计，尽量使其恢复原有生态功能或使这种功能的损失降到最低。综合考虑可行性与经济效益，可将其恢复为乔木林地和其他草地。

露天采区底部平台占地面积约 12.5$hm^2$，为保证土地复垦时有足够的表土资源，未损毁的表土层在开采前进行全部剥离。开采完毕后平台采用机械与人工相结合的方式进行简单的土地平整，采用平地机对土地进行平整，挖高填低、挖凸填凹，平整后地表高差不宜过大。

露天采场底部平台可恢复为乔木林地。矿区位于太行山北段，适合种植的乔木可选择种植桧柏，桧柏为 2 年生苗，规格：胸径 3cm，苗高 80cm，裸根栽植。株行距 3.0m×3.0m，"品"字形穴坑栽种桧柏，每穴一棵，树穴为圆形，直径 0.6m，深度 0.5m，0.3m 以下换土，初植密度 1112 株/$hm^2$。

露天采场台阶为宽平台，可恢复为乔木地。在每个台阶外缘砌筑干砌石矩形挡土墙并进行覆土，可栽种桧柏,规格同采场底部平台。

矿山土地经恢复治理后,可有效避免或减少矿山地质环境问题,改善矿区生态环境,最大限度地减少耕地破坏,具有显著的社会效益、环境效益和经济效益。

社会效益:治理和复垦工程的实施,可有效保护矿区及周边群众的生产生活环境,切实履行矿山企业的社会责任,有利于树立良好的企业形象。最大限度地减少采矿对土地资源的破坏,可及时恢复矿区土地功能,发展当地经济,为构建和谐农村、和谐社会创造条件。方案采用工程措施与生物措施相结合,可改善矿区投资环境,带动其他相关产业发展,安置部分剩余劳动力,具有良好的社会效益。

环境效益:治理和复垦工程的实施,改善了区内生态环境质量,减轻了对地质地貌景观的破坏,使得区内部分土地使用功能得到良好的利用。土地得到平整,土壤得到改善,使破损山体得以恢复,地面林草植被增加,水土环境得到改善。矿山绿化能净化空气,调节气候,美化环境。进行土地复垦,可防止水土流失,荒坡荒沟可长草;种树绿化后,可营造优美的工作环境。治理和复垦工程的实施,符合可持续发展政策,能够促进经济和社会的可持续发展,有利于和谐矿区、和谐社会的建设。

经济效益:治理工程是防灾工程,实施防灾工程的经济效益主要由减灾效益和增值效益两部分组成,并以减灾效益为主,增值效益为辅,或只有减灾效益而没有增值效益。若不对矿山开采破坏的土地进行恢复治理,不仅会造成土地荒废,水土流失,还会影响矿区及周边的生态环境和水环境。治理和复垦工程的实施,能够防止水土流失,保护生态环境,从而增加经济价值。对区内的经济可以起到带动作用,逐渐形成地区经济产业链,对后续产业也影响深远,如林业种植、果园种植等,可引导地方企业发展特色农业,具有较好的经济效益。

# 第3章 水平分层开采法对全省非金属露天矿山影响综合分析

## 3.1 对非金属露天矿山资源开发的影响

全省现有非金属露天矿山矿权均为以前设置,无新设矿权,原开采方式对自然环境扰动大,安全隐患多,修复治理难,视觉效果差。推进露天矿山水平分层开采法后,以生态协调发展方式转变采矿权设置原则和开采方法,转变了以往的"先开采、再治理"矿山开发思路,在提高安全生产保障水平的基础上,降低了矿山后期生态修复治理成本,彰显了开发、保护、安全、生态的有机统一。

推进非金属露天矿山水平分层开采法是统筹资源开发与安全生产、生态环境保护的有效方式,是防范安全生产事故、减少生态环境破坏的有效手段,主要影响如下:

(1)从源头上减少矿山安全隐患。水平分层开采法通过合理设计露天采场生产平台宽度及边坡角度,降低了生产过程中的安全隐患。采场的最终形态体现为大平台+宽台阶+低边坡组合,最终边坡角明显减缓,提升了本质安全水平,降低了地质灾害隐患。

(2)从整体上提高矿产资源利用水平。水平分层开采法要求综合勘查、综合开发、综合利用,合理确定矿区范围,对矿区范围内全部矿产资源应采尽采、应用尽用,达到"吃干榨净"、合理利用的效果。

(3)有效提升资源保障能力。非金属露天矿山可通过调整矿区范围推进水平分层开采法开采,可实现资源重组、勘查开发,矿山资源储量的配置体量更大,促进装备水平升级,优化生产系统和劳动组织,大幅度提高企业生产规模,有效提升矿山的规模化、集约化、节约化水平,提高非金属矿产品市场供应能力。

(4)矿业权设立规范管理。能够统筹处理好生态环境保护、安全生产、资源合理开发利用之间的关系,全面落实禁止和限制矿产开发项目的有关规定,禁止在生态保护红线内、永久基本农田、城镇开发边界内、自然保护区、风景名胜区、饮用水水源保护区、地质遗迹保护区、文物保护单位的保护范围内和铁路高速公路国道两侧各1000m范围内新批固体矿产资源开发项目。

目前,大多数非金属露天矿山的采矿权面积较小,很多矿区边界以山脊线划分,开采终了后会形成较多边坡压占矿产资源,造成大量矿产资源不能开发利用。采用水平分层开采法后,调整矿区范围严格按照沿等高线或沟谷划界,减少因矿界造成的边坡压覆矿产资源,资源利用效率大大提高。

此外,河北省开展推进的非金属露天矿山专项整治工作与自然资源部印发的《关于规范和完善砂石开采管理的通知》(自然资发〔2023〕57号)中明确要求"合理引导砂石采矿权投放,避免出现以山脊线划界等开采后遗留残山残坡等不合理问题"的思路高度契合、要求完全一致。符合国家政策方向,全面推行这种科学的开采方法并以此主导矿权设置和资源整合,对河北省乃至全国非金属露天矿产资源开发与生态、安全、经济、社会协调发展具有十分重要的意义。

综上所述,水平分层开采法的技术特点和政策要求决定了其为一种资源节约型、环境友好型的开发方式,符合矿产资源规划、产业政策、区域生态建设与环境保护要求,可有效提升矿山资源综合利用水平,做到"边开采、边治理",修复、改善、美化采区地表景观,开采结束后不再形成深坑和高陡边坡,从根本上解决了非金属露天矿山修复治理成本高、安全隐患多、视觉效果差、露天采坑回填难等问题。

## 3.2 对非金属露天矿山生态环境的影响

非金属露天矿山的开采不可避免地会对生态环境造成一定影响,主要是露天开采形成的采坑,对地形地貌、水土资源和生物资源方面造成破坏,土地的原有生态功能基本完全丧失,雨季时受到雨水侵蚀,土壤内的营养成分会被带走。

水平分层开采法推行前,采场终了基本都会形成高陡边坡,底部平台很小,生态环境的修复治理问题难度较大,治理的方式单一,只能简单地栽种树苗。

水平分层开采法的核心是采场形成缓边坡、底部大平台,从而使得生态环境修复治理的可能性多样化,生态修复治理的经济性和可持续性显著提升。同时结合绿色矿山建设,修复、改善、美化采场地表景观,实现资源综合利用,高水平地对环境进行恢复治理。

露天矿山采用水平分层开采法开采,为矿山闭坑后再利用提供了很好的基础,可以充分应用闭坑后形成的大平台,结合自然资源部门的矿产资源规划,实现土地资源的可持续利用,促进经济和环境和谐发展。通过推行水平分层开采法开采方式,能够从根本上解决生态修复治理问题。

## 3.3 对全省非金属露天矿山的推动作用评估

### 3.3.1 规模化发展评估

水平分层开采法在推动全省矿产开发规模化方面有着非常积极的推动作用,要求矿山在调整矿区范围及整合矿山时,生产规模达到大中型以上,使得非金属露天矿山整体实力提升,可以保证矿山技术水平与工艺装备大型化、先进化,同时逐步向自动化和智能化方向发展。

### 3.3.2 集约化发展评估

集约化发展是提高矿产开发效率的重要途径,集约化可以理解为一种"集中要素优势、节约生产成本、提高单位效益"的方式。水平分层开采法在集约化发展方面也有着优异的表现。

水平分层开采法要求矿山在调整矿区范围及整合矿山时,坚持"集中开采区内优先、集中开采区外从严"的原则,为矿山后期开采提供资源保障,可以集中资源要素优势,促进资源勘查开发,节约矿山开采成本,利于矿山大型规模化生产,从而大大提升矿山资源的开发效率。

### 3.3.3 减量化发展评估

减量化发展是减少资源浪费和环境污染的重要手段,推行水平分层开采法后,在推动减量化发展方面有着显著的效果,矿山从小型占多数,调整到大中型以上为主,矿山在数量上大大减少,可以有效避免众多小型矿山因生产技术管理水平低下,少数存在私挖乱采现象,造成大量资源浪费、环境破坏严重,生态环境恢复治理困难等问题。

## 3.4 推行过程中存在的问题和解决途径

非金属露天矿山水平分层开采法经过一段时间的试行,不可避免地出现了一些问题,但这些问题也找到了有效的解决方案,保证了水平分层开采法的顺利推进。

### 3.4.1 推行过程中存在的问题

(1)由于水平分层开采法的特殊性,地方企业、政府及其他相关部门难以全面地理解水平分层开采法的意义,对政府的推进工作造成一定的困难。

(2)按照水平分层开采法的要求,矿山需从山体最高点开采,部分由于地质资料误差,按矿体赋存设定最高标高和其他原因造成采矿许可证标注的上标高与矿区范围内实际最高标高不一致,导致矿山无法实行水平分层开采法开采。

(3)非金属露天矿山长期以来一直采用传统的开采方式,由于历史上监管措施不到位以及生态保护观念的欠缺,造成许多历史遗留下来的生态破坏问题,包括矿区植被破坏、水土流失、高陡边坡等,不仅对当地生态环境造成了严重的负面影响,也给居民的生活和生产带来了诸多困扰。

此外,这些生态破坏问题还对水平分层开采法这一新型开采方式的推行造成了不利影响。水平分层开采法是一种矿山与环境协调发展的新开采模式,但由于现有生态环境已经受到严重破坏,在实施过程中面临重重困难,需要投入大量资源进行环境修复和管理。因此,历史遗留的生态问题成为制约非金属露天矿山实现可持续发展的主要障碍之一,需要引起高度重视和采取有效的治理措施。

### 3.4.2 解决途径

(1)为保障京津冀地区砂石资源的稳定供给,相关部门采取了一系列措施,旨在加快推进一批非金属露天矿山实现水平分层开采法开采并恢复生产和工作。包括成立专门的工作小组,专门负责露天矿山水平分层开采法工作的协调与推进。为了提高审批效率,相关部门开辟了绿色通道,确保审批事项快速办理、迅速审查和批准。

此外,相关部门还组织了一批技术专家深入基层和企业,提供优化方案设计和科学编制开发方案的指导,并及时解决企业在技术上遇到的难题。在工作推进过程中,各项工作的时间节点被进一步细化,以确保每个环节都能按时完成。相关部门持续进行督导工作,并定期通报进展情况,以加快整体工作进度。

为了更好地协调各部门之间的工作,建立了部门协调机制,并召开了3次协调会议。会议明确了各部门的职责,建立了信息共享机制,简化了审批事项,解决了手续办理过程中的各种瓶颈和堵点,从而大大提高了审批效率。

与此同时,相关部门积极联系矿山企业,督促并指导其开发利用方案和初步设计的编制工作。为了加快评审备案的办理,要求各级自然资源主管部门开辟绿色通道,确保申请一旦提交,能够立即审查,尽快完成开发利用方案和初步设计的评审备案工作。

在此过程中,非煤矿山联席会议的作用得到了充分发挥。通过积极协调发改、生态、应急和水利等部门的关系,解决了矿山初步设计备案后项目核准备案、环境影响评价、安全设施设计以及水土保持方案等手续办理过程中的各种堵点和卡点,为矿山实现复产复工创造了有利条件。这一系列措施有效保障了京津冀地区砂石资源的稳定供给,推动了非金属露天矿山的健康发展。

(2)有效推广非金属露天矿山水平分层开采法开采模式,使矿山企业充分认识到水平分层开采法的重要意义。

(3)经专题会议讨论通过,明确了分类处置意见:对因测量误差造成的,在下一次办理采矿登记手续时予以纠正,形成新增出让收益的按有关规定处理;对因按照矿体赋存状态确定矿区上标高等其他原因造成且上部证外范围内无矿产资源的,在下一次办理采矿登记手续时调整标高,开采的上部围岩由当地政府纳入公共资源交易平台处置;对因按照矿体赋存状态确定矿区上标高等其他原因造成上部证外范围内有矿产资源的,按照不同矿种依法依规以协议和市场两种方式处置。

(4)为有效解决非金属露天矿山历史遗留的生态破坏问题,政府通过引导政策,通过采取以下3种方式进行治理:

①实施人工干预工程治理措施,通过运用现代技术和工程手段,修复矿山的地质环境,使其达到稳定状态。同时,对损毁的土地进行复垦,使其能够重新用于农业生产或其他用途,从而恢复或改善当地的生态系统功能。包括土地平整、植被恢复、水土保持等,以确保生态系统的长期可持续性。

②依据国土空间规划确定的土地用途,通过法定程序,将采矿损毁的土地进行合理的重新利用。具体而言,可以将这些土地转变为设施农用地,用于各类农业生产活动,如种植作物、养殖业等,充分发挥土地的农业生产潜力。同时,还可以将这些土地转为城乡建设用地,用于各类建设活动,如兴建住宅、商业设施、公共基础设施等,从而推进当地经济发展和城乡一体化进程。

③采取排除外界干扰的措施,包括封闭场地、拆除废弃设施等,减少人为活动对生态恢复的干扰。依赖场地和周边生态系统的自我愈合能力,通过自然恢复,促进植被再生和生物群种恢复。这种方法强调自然恢复的优势,在适当的条件下,可以实现生态系统的自我修复,恢复原有的生物多样性和生态功能。

# 第4章 非金属露天矿山新型开发模式研究

## 4.1 概　述

本章节主要针对两个已获得省政府批准的建材类非金属矿产集中开采区,进行详尽的三维模型建立,包括地表模型和矿体模型,结合水平分层开采法开采的实际要求,深入研究并确定矿山开采的最终境界形态,全面统筹地理位置、生态环境、周边地貌特征、经济发展以及区域文化等多重因素,提出矿山闭坑后的有效再利用方向,构建矿山闭坑后的再利用模型,为闭坑后的矿山开发空间提供可行的产业类型建议。

在上述工作的基础上,总结出水平分层开采法的特点,进一步研究并归纳出具有广泛适用性和针对性的非金属露天矿山新型开发模式及其推广路径,以优化要素保障,合理开发利用砂石资源,稳定市场供应,为经济发展提供砂石资源保障,有效地贯彻落实党中央、国务院稳住经济大盘、扩大有效投资的要求。

## 4.2 某集中开采区1

### 4.2.1 集中开采区概况

#### 4.2.1.1 矿区范围划定情况

1)矿区范围划定原则
(1)调整后矿区范围不可沿山脊划界,应基本沿等高线或沟谷划界,新增范围不可跨沟谷划界。
(2)矿区范围应以最小面积实现水平分层开采法开采。
(3)矿区范围不可为半山型。
(4)终了边坡高度不得超过200m,采场最终形态不得多于两面边坡。
(5)矿区范围位于连绵山体的,应按照上述标准从严控制。

2)拟设矿区范围
集中开采区内拟设矿区范围基本沿等高线和山谷划界,符合水平分层开采法开采的要求,最终形成缓边坡和大平台,减少恢复治理成本。

#### 4.2.1.2 自然地理与经济状况

1）地形地貌特征

集中开采区位于河北省东北部燕山山脉东段，属低山丘陵区，地势北、东高，西、南低，区内标高200～716m，相对高差516m。

2）气象水文特征

区内属北温带大陆季风性气候，受太阳辐射、大气环流、地形等因素影响和制约，四季分明，日照充足。春季天气多变，时冷时热，时刮西北、西南大风，干旱少雨，经常发生春旱。夏季炎热，雨水集中，经常因大雨或暴雨造成山洪暴发，河水猛涨，形成洪灾和泥石流。秋季晴朗少云，气候适宜，昼暖夜冷，气温变化显著，平均昼夜温差在10℃左右。冬季寒冷干燥，降雪稀少，最大冻土深度1.09m，冰冻期从当年11月开始至翌年4月，冰冻期达7个月。

根据所属市气象服务中心2013—2022年气象数据，所属县地区近10年内最高平均气温36.4℃，最高气温39.6℃（2017年），近10年最低平均气温−20.8℃，最低气温−25.5℃（2021年），近10年雨季日平均降水量5.53mm，降水年际差异大，最大年降水量911.5mm，最小年降水量448.5mm，年均降水量683.46mm，10年内日最大降水量162.3mm（2017年）。10年内5—10月蒸发量平均值为820.1mm，最大值1 168.7mm，最小值597.2mm。10年内县境最大风速13.5m/s，主要风向为西南风和东北风。

该区域周边为河流支流，两支流是工作区最主要的地表水体，水质清澈，常年流淌，是当地工农业生产使用的重要水源。本区地下水埋藏浅，水质良好，是生活用水的重要水源。总体来看，本区各类水源可满足工农业生产及居民生活用水的需求。

3）经济社会发展现状

所属县域总面积3510km$^2$，境内山多地少，素有"八山一水一分田"之称，是典型的山区大县，林木资源和矿产资源丰富，农业和矿业为经济发展的支柱。

当地林、果资源质优量多，森林覆盖率72.75%。林木有油松、柞、椴、桦、杨、桑等百余种。木质优良，是建材、家居、造纸等行业的上好原料。苹果、板栗、梨、杏、核桃、山楂等干鲜果品品质优良，甘栗、苹果享誉国内外，备受消费者青睐。

截至目前，共发现有用矿产金、银、铜、铁、锰、花岗岩、大理岩、石英岩、矿泉水等。

区内人口稠密，劳动力充足，从事矿业生产的劳动力丰富。因当地饰面石材开发历史较长，饰面石材矿山和加工厂为当地培育了较多的熟练技术工人。

本区有数条高压输送线路从矿区附近通过，国家电网也为该县配置了丰富的电力资源，以满足地方经济发展的需要。

4）矿业经济

所属县矿产资源丰富，现已开发利用的有铁、金、石英、煤、水泥灰岩、花岗岩、建筑用砂石等，其中，铁、金、花岗岩、建筑用砂石较具开发规模。

矿业是所属县国民经济的支柱产业，在国民经济和社会发展中具有重要地位，从业人数约为3000人。饰面石材用花岗岩矿是优势矿产，特有的"长城红""中华红"花岗岩深受消费者喜爱。

近年来，随着铁矿石价格的提高和建材、石材消费量的增加，该地区优势矿种的不断开发，带动整个县域经济不断提升。

#### 4.2.1.3 保有资源储量

该集中开采区（一、三区）内保有饰面石材用花岗岩矿矿石量11 157.5万m$^3$，荒料量2 200.1万m$^3$。

其中：探明资源量矿石量2 341.8万 m³，荒料量465.9万 m³；控制资源量矿石量4 952.3万 m³，荒料量965.4万 m³；推断资源量矿石量3 863.4万 m³，荒料量768.8万 m³；可综合利用边角料（建筑石料矿）8 956.6万 m³。

拟设矿区范围内保有饰面石材用花岗岩矿（"长城红"+"中华红"）资源量7 569.2万 m³，荒料量1449.6万 m³。其中：探明资源量1 153.8万 m³，荒料量217.4万 m³，占总矿石量比例15.24%；控制资源量3 571.5万 m³，荒料量676.5万 m³；推断资源量2843.9万 m³，荒料量555.7万 m³。

## 4.2.2 三维地质模型的构建

### 4.2.2.1 建模步骤

首先整理矿山原始地质资料→通过数据导入创建地质数据库→显示三维钻孔并圈定矿体→通过矿体解译构建实体模型→构建品位块体模型→在品位模型基础上估算资源量，具体工作流程见前文图2-6。

### 4.2.2.2 矿体圈定

本次矿体圈定采用的工业指标如下：
1）饰面石材用花岗岩
（1）质量指标：
①装饰性能：矿石的颜色和花纹美观稳定。
②加工性能：加工性能良好，开采、锯切时不易破碎，易抛光。
③机械强度：（干燥、水饱和）压缩强度≥100MPa；（干燥、水饱和）弯曲强度：≥8MPa。
④吸水率：≤0.6%。
⑤体积密度：≥2.56g/cm³。
⑥耐磨性（1/cm²）：≥25。
⑦最低荒料率：18%。
⑧荒料规格及板材成材率要求。大料荒料规格：≥245cm×100cm×150cm；中料荒料规格：≥185cm×60cm×95cm；小料荒料规格：≥65cm×40cm×70cm；板材成材率：≥25m²/m³。
⑨矿石商品品种：主要品种为"长城红""中华红""紫罗兰"。
（2）开采技术条件：
①矿石最小开采厚度：3m。
②夹石剔除厚度：2m。
③剥采比：≤0.5:1。
④开采最终边坡角：55°。
⑤最低开采标高：①号矿体最低开采标高为200m，②号矿体最低开采标高为280m。
⑥开采最小底盘宽度：≥20m。
2）建筑石料用花岗岩
建筑石料用花岗岩为综合利用评价项目，采用《矿产地质勘查规范 建筑用石料类》（DZ/T 0341—2020）的一般工业指标，主要指标如下。
（1）放射性：执行《建筑材料放射性核素限量》（GB 6566—2010）标准，内照射指数 $I_{Ra}$≤1.0，外照射

指数 $I_r \leqslant 1.3$。

(2)物理性能及化学成分要求。

抗压强度(水饱和):≥80MPa；

坚固性:≤12%；

压碎指标:≤30%；

硫酸盐及硫化物含量(换算成 $SO_3$)(%):≤1.0；

碱活性:岩相法碱活性检验被评定为非碱活性时,作为最终结论；若评定为碱活性或可疑时,应做测长法检验,检验后试件应无裂缝、酥裂、胶体外溢等现象,在规定试验龄期膨胀率应小于 0.10%。

矿区范围内矿体控制长度 1000m,宽度 724.5m,厚度 141.48m,矿体规模为大型,矿体资源量在 K332 以北最为集中。因其为深成花岗岩体在地表的出露部分,实际厚度远大于控制厚度；也因其出露标高大于 280m,适合露天开采。其钻孔沿勘探线布置,因此,矿体的圈定采用沿各勘探线建立一系列剖面,然后在各剖面上圈定矿体的边界,勘查线剖面矿体圈定后,需将二维的勘查线剖面放置于三维的矿区 DTM 模型中,通过系统中的坐标转换功能,将二维的剖面图准确转换于三维视图中(图 4-1)。

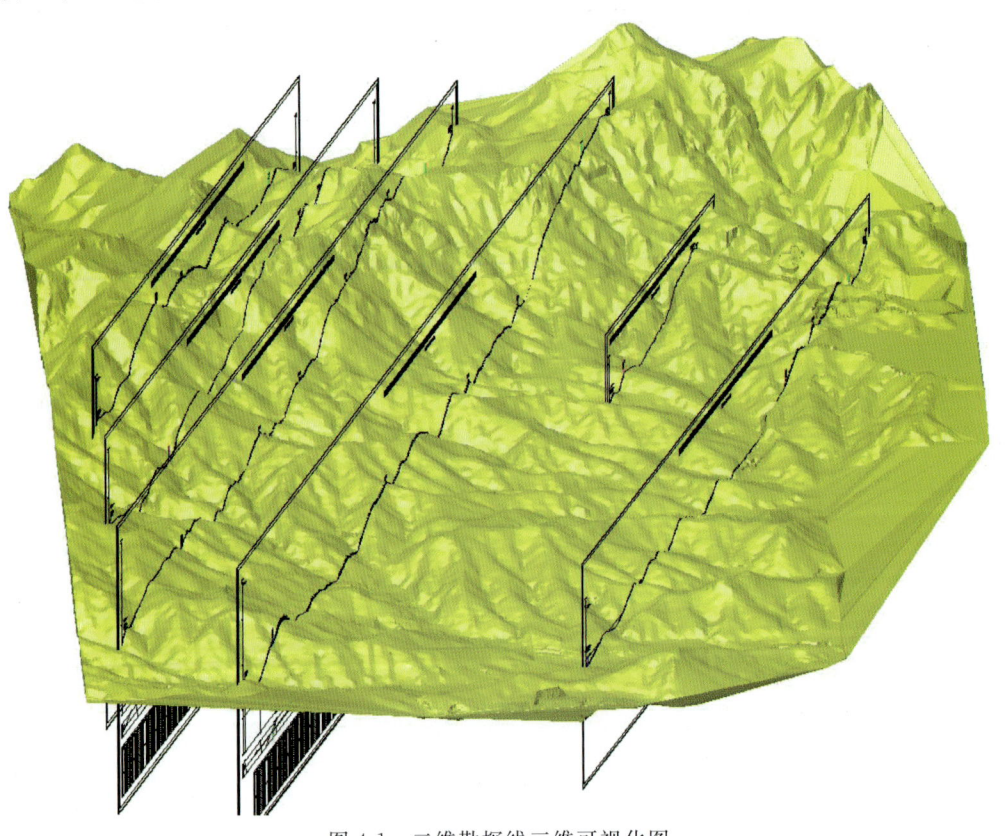

图 4-1 二维勘探线三维可视化图

### 4.2.2.3 数字地表模型(DTM)

矿区位于河北省东北部燕山山脉东段,属低山丘陵区,地势北、东高,西、南低,区内标高 200~716m,相对高差 516m。

多等高线进行高程赋值处理后,建立了数字地表模型(图 4-2)。

对露天开采最终境界进行高程赋值后,建立了最终境界模型,二者套合后各视角视图见图 4-3、图 4-4、图 4-5。

# 第 4 章 非金属露天矿山新型开发模式研究

图 4-2 地表模型图

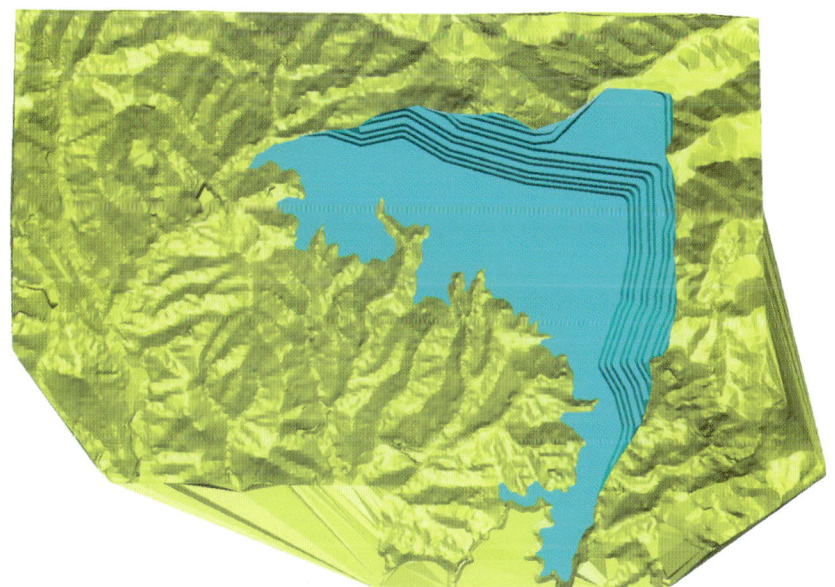

图 4-3 地表和最终境界结合图,俯视 $xy$ 视角

图 4-4 地表和最终境界结合图,侧视 $xz$ 视角

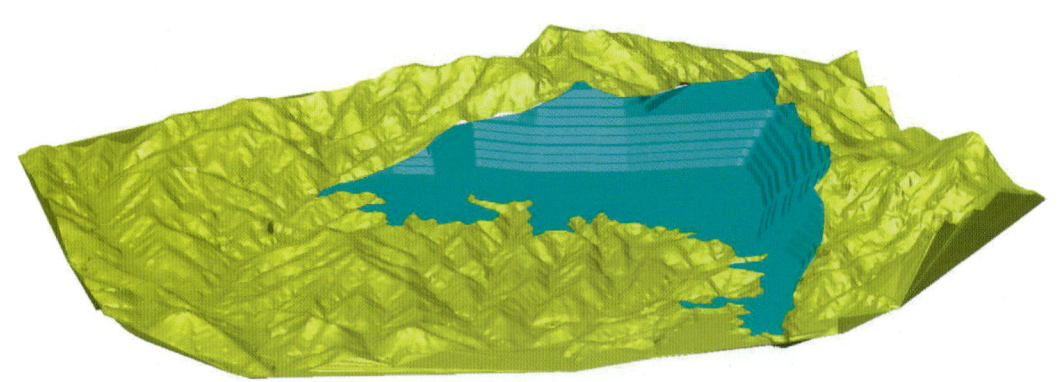

图 4-5　地表和最终境界结合图,综合视图

### 4.2.2.4　矿体模型(3DM)

矿体规模、形态,位于一区的南部,成矿母岩为蛇盘兔单元的浅紫红色、浅肉红色二长花岗岩,出露标高 200～568m,相对高差 368m,高于最低侵蚀基准面 200m。

矿体沿走向和倾向连续,但向北东有一定倾伏,由 ZK106-2 向 ZK110-2 方向倾伏角为 24°。

沿走向,矿体在 K102 以南与群三门店岩组为侵入接触关系,接触带倾向南,倾角 40°～60°,说明矿体在南侧沿走向向深部有逐渐延长的趋势。

因矿体各向同性,矿体厚度主要受地形条件、夹石、风化层厚度多种因素制约。地形较高地段,矿体的厚度也大,地形低缓地段矿体厚度也较薄。

综上所述,矿体总体延展长度大于 900m,宽度也大于 577m,总体形态为不规则长板状,矿体规模较大。

为了准确描述矿体的实际空间分布形态,综合考虑了多种方法。此次采用基于勘探线剖面图的矿体模型构建方法,辅以矿体边界线和钻孔数据,建立了矿体的实体模型。最后,将构建好的矿体模型与地表模型进行叠加,生成三维显示图(图 4-6)。

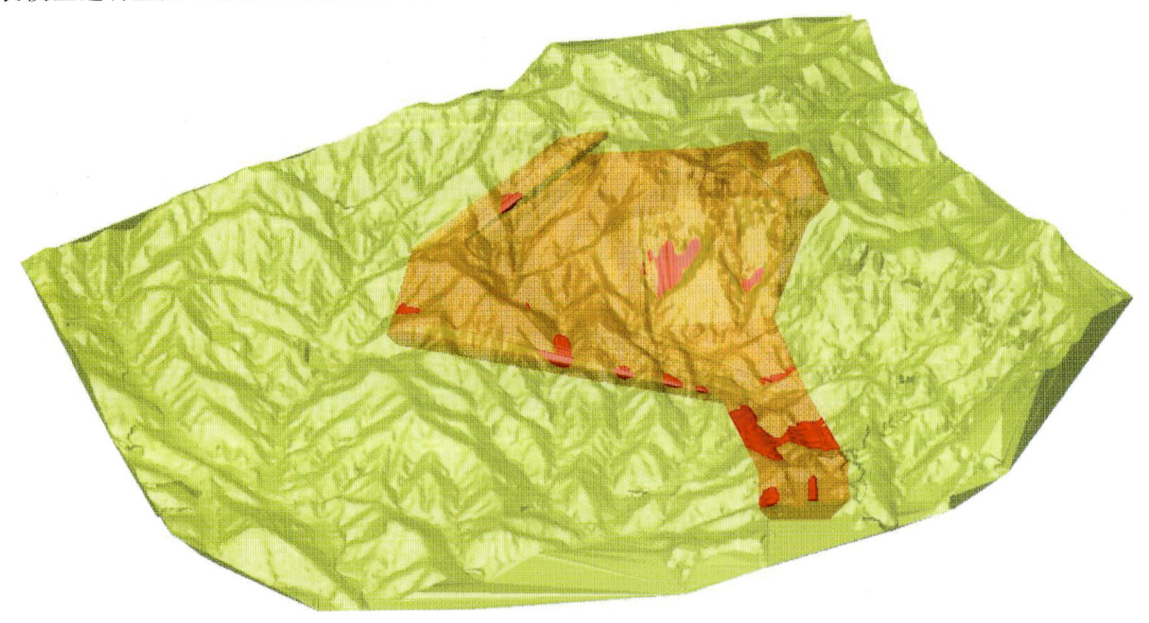

图 4-6　地表和矿体叠加模型图

4.2.2.5 块体模型的建立

块体模型是矿床品位及资源量估算的基础,建立块体模型的基本思想是把地质体或矿体在三维空间中划分为一系列小长方体单元的集合,近似地表示地质体或矿体,每个小的长方体单元都带有相应的属性描述,所有长方体单元的属性变化规律就是地质体或矿体的内部变化规律。3dmine软件采用块体模型与实体模型相结合的方法,构建了境界内块体模型,见图4-7。

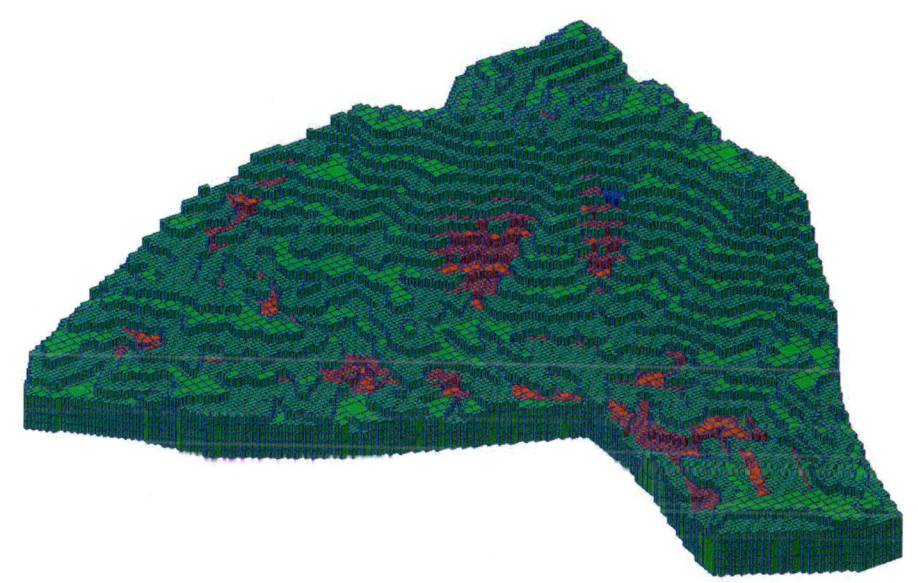

图4-7 境界内块体模型(红色为矿石,绿色为岩石,蓝色为夹石)

在综合考虑矿区的矿体形态、开采方式、工程控制网度和矿体边界等基础上,最终确定首级分块尺寸为10m×10m×10m,次级分块尺寸为5m×5m×5m,可以较准确地反映矿体内部各点的品位信息。

## 4.2.3 矿山开采终了境界形态分析

1)矿区范围内保有资源量

拟设矿区范围内保有饰面石材用花岗岩矿("长城红"+"中华红")资源量7 569.2万 $m^3$,荒料量1 449.6万 $m^3$。其中:探明资源量1 153.8万 $m^3$,荒料量217.4万 $m^3$,占总矿石量比例15.24%;控制资源量3 571.5万 $m^3$,荒料量676.5万 $m^3$;推断资源量2 843.9万 $m^3$,荒料量555.7万 $m^3$。

2)终了境界确定原则

(1)露天采场的最终边坡上,每隔1~2个安全平台设置1个宽度不小于20m的宽平台,露天采场最终底边境为大平台,以降低修复成本、改善生态修复效果。

(2)露天开采境界圈定时,综合考虑生态效益、环境效益、安全效益和经济效益,以可利用土地面积最大化,需治理边坡面积最小化为原则进行境界圈定。

(3)最终开采境界要与周边自然环境相协调,符合当地的发展规划,充分尊重当地政府、群众的意见。

3)终了境界平面形态

开采终了后共形成一个采场,最终平台面积57.83万 $m^2$(867.45亩)。最终境界周长8162m,其中边坡长度2798m,占比34%;平台开口长度5364m,占比66%,见图4-8。

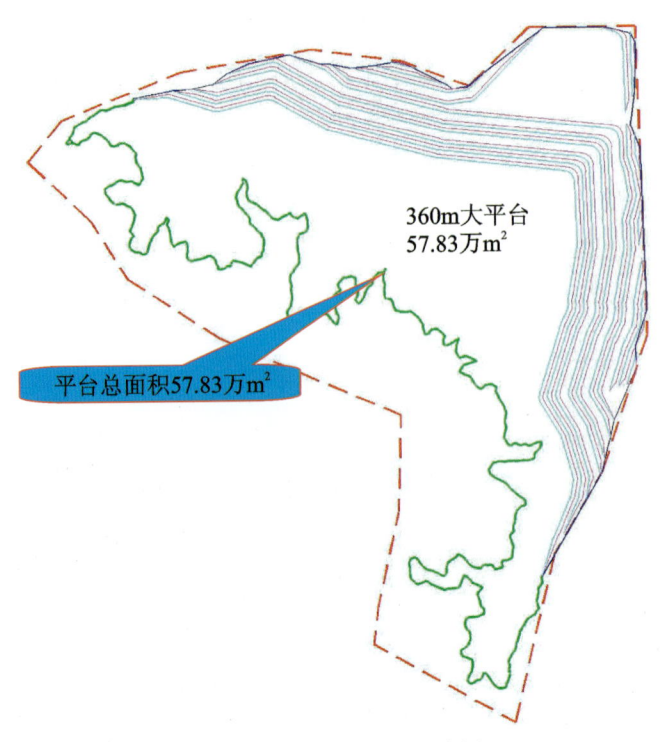

图 4-8 边坡分布情况示意图

4)最终边坡

拟设采矿权开采终了境界存在北部、东部两面边坡,边坡最大高度为 198m,属于中高边坡;最终边坡角为 42°,属于缓边坡。可以看出,开采结束后,不会形成高陡边坡,有利于采场边坡的长期稳定,见图 4-9、图 4-10。

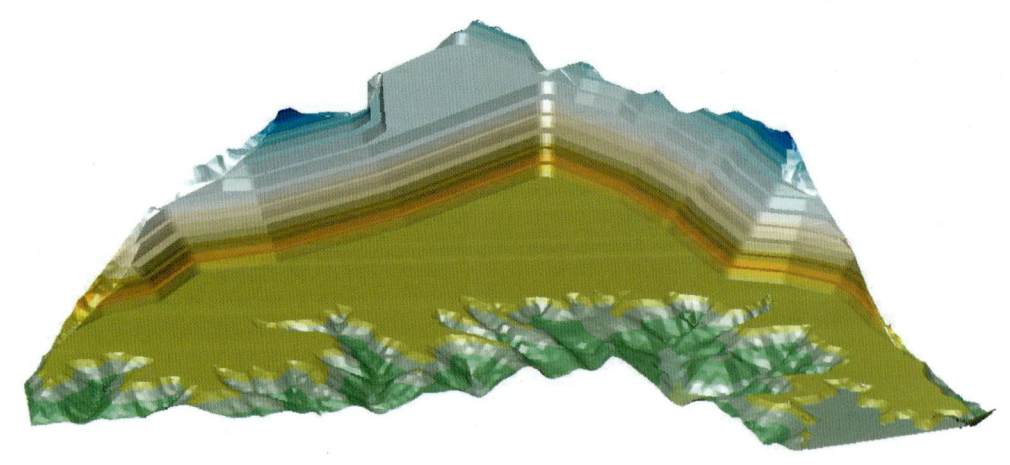

图 4-9 边坡形态正视图

5)设计开采平台

最终台阶高度为 20m,安全平台宽度为 10m,每隔 2 个安全平台设置 1 个宽平台,宽平台宽度为 20~38m。

6)终了底平台

终了底平台坡度为 0°~6°,形成一个大平台,即 360m,终了底平台面积 57.83 万 $m^2$(图 4-10)。

7)水平分层后开采境界内资源量

饰面石材用花岗岩矿总矿石量为 1 907.4 万 $m^3$。

# 第4章 非金属露天矿山新型开发模式研究

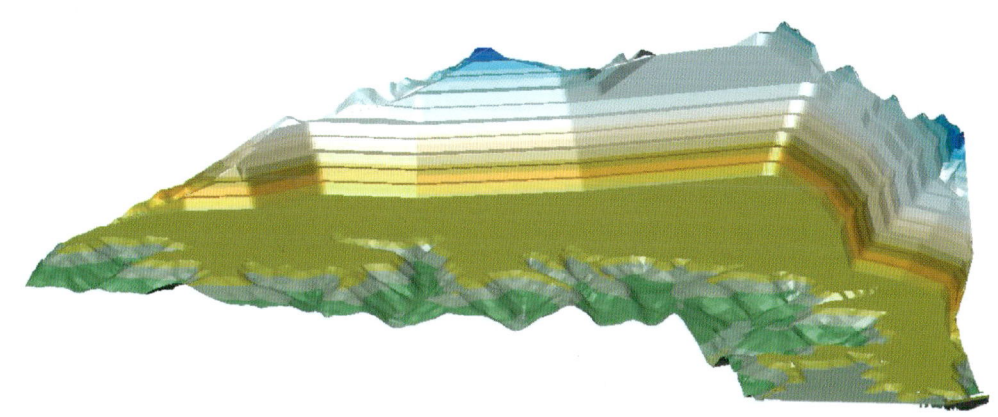

图 4-10 边坡形态侧视图

## 4.2.4 矿山闭坑后迹地利用方向分析

根据集中开采区实际情况宜采用农业用地模式进行再利用,将露天采场复垦为果园,可栽种板栗树。

集中开采区采用水平分层法开采,开采终了形成 57.83hm² 的底部平台,开采结束后对露天采场底部平台进行平整处理,清除大块碎石,局部削高填低,重新平整土地并在露天采场底部平台覆土,可用于种植板栗。

为整合资源,促进全面乡村振兴,规划打造"四区五园"农业发展格局。靠山吃山,早在2000多年前,开始栽培板栗树,发展到2023年,全县种植面积已近100万亩,在全国板栗产区中名列前茅,成了名副其实的"京东板栗之乡"。地处世界黄金板栗产业带——燕山山脉京东板栗带,北温带湿润大陆性季风气候,使得四季分明,日照充足,昼夜温差大,适宜板栗不同生长期对环境的需求,且土壤富含有机质,具有良好的通透性和保水、保肥能力,利于板栗品质的提高。

目前,全县板栗种植面积达100万亩,居全国各县(区)之首,年产板栗6万多吨,产值13亿元。销售网络方面,板栗已覆盖全国多个地区,并远销韩国、日本、泰国等海外市场,年出口量达到5000t,出口创汇1500万美元。同时还建立了完善的冷鲜库体系,贮藏能力达到5万t,为板栗的保鲜和错季销售提供了有力保障。

综上所述,矿山闭坑后将开采区范围内的土地复垦为果园的可行性较高,且具有良好的经济效益。

## 4.2.5 可行的产业类型建议

1)农业再利用的广阔前景

露天建材矿山的闭坑,不仅标志着传统资源开采业的转型,更为现代农业的发展提供了宝贵的土地资源。这片大面积且相对平整的土地,如同一张白纸,等待着以板栗种植为核心,绘制出一幅农业再利用的宏伟蓝图。以下是对农业再利用广阔前景的深入分析与展望。

该县地处燕山山脉,北纬40°,这一黄金地带赋予了其得天独厚的自然条件。充足的光照、适宜的温度、丰富的水资源以及深厚的土层,共同构成了板栗生长的理想环境(王静慧和吴文良,2003)。矿山闭坑后留下的大面积平整土地,更是为板栗的规模化种植提供了天然舞台。与传统的山区坡地相比,这些土地在灌溉、施肥、病虫害防治等方面更具优势,能够有效提升板栗的产量和品质。

大面积平整的土地为板栗的标准化种植提供了可能。可以借鉴国内外先进的种植经验和技术,制定科学的种植标准和规范,推广使用优良品种和高效肥料,确保板栗生长过程中的每一个环节都达到最优状态。同时,平整的土地也为机械化作业提供了便利条件。从翻耕、播种、施肥到收割、加工,全程机械化不仅能够降低人工成本,提高生产效率,还能减少人为因素对土壤和环境的破坏,实现农业生产的可持续发展。

依托大面积平整土地实现的板栗规模化种植,有助于打造具有地方特色的板栗品牌。通过加强品牌宣传和推广,提升板栗在国内外的知名度和美誉度,进一步拓展市场空间。此外,还可以积极探索电商、直播带货等新型营销模式,利用互联网平台将板栗产品销往全国各地乃至国际市场,实现产销对接和产销两旺。

2)农业产业融合的深度推进

依托大面积平整土地实现的板栗规模化种植和综合开发,可以积极探索第一、二、三产业融合发展的新路径。通过延长产业链、提升价值链、完善利益链实现农业与工业、服务业的深度融合和协同发展。例如可以发展板栗深加工产业,将板栗加工成板栗糕、板栗粉、板栗酱等高附加值产品;可以发展乡村旅游产业,依托板栗文化和自然景观资源打造乡村旅游目的地,吸引游客前来观光旅游和休闲度假;可以发展电子商务产业,通过互联网平台将板栗产品销往全国各地乃至国际市场等。这些产业的融合发展不仅有助于提升板栗的品牌影响力和市场竞争力,还将为县农业经济的转型升级和高质量发展提供有力支撑。

在推进农业产业融合发展的过程中还应注重培育壮大农业合作社和家庭农场等新型农业经营主体。通过加强政策扶持和资金支持,引导农户加入合作社或创办家庭农场实现规模化经营和标准化生产。同时还应加强合作社和家庭农场的技术培训与管理指导,提升其经营管理水平和市场竞争能力。这些新型农业经营主体的培育壮大不仅有助于推动板栗产业的高质量发展,还将为县农业经济的可持续发展注入新的活力和动力。

3)工业与服务业再利用的潜力挖掘

露天建材矿山闭坑后,留下的不仅仅是广袤的土地资源,更为工业与服务业的发展提供了新的契机。通过深入挖掘这片土地的潜力,可以构建起一个以板栗产业为核心,集仓储、加工、物流、电商、文化旅游等多业态于一体的综合性产业体系,进一步推动当地经济的多元化和高质量发展。

随着板栗种植规模的扩大和产量的增加,建设现代化仓储设施成为当务之急。可以利用闭坑后的土地,规划建设一批高标准、现代化的冷鲜库和恒温仓库,以应对板栗及其他农产品的季节性存储需求。这些仓储设施应具备自动化、智能化的特点,通过物联网、大数据等技术的应用,实现对仓储环境的精准控制和库存管理的实时监控,确保农产品的新鲜度和品质。

除了仓储设施的建设,还应加大对板栗精深加工产业的投入。通过引进先进的加工设备和工艺,提升板栗产品的附加值和市场竞争力。例如,可以开发板栗粉、板栗糕、板栗酱、板栗饮料等多样化的深加工产品,满足不同消费者的需求(高海生等,2006)。同时,加强与高校、科研院所的合作,共同研发具有自主知识产权的新产品和新技术,推动板栗产业的转型升级。

在仓储与加工设施现代化升级的基础上,还应注重产业链条的延伸与整合。通过引进和培育一批龙头企业,构建起从种植、收购、仓储、加工到销售的全产业链条。鼓励企业之间加强合作与交流,实现资源共享和优势互补,共同推动板栗产业向更高层次发展。

4)总体规划

露天建材矿山闭坑后的土地再利用是一个系统性工程,旨在通过科学规划和合理布局,实现土地资源的最大化利用,推动经济社会的可持续发展。总体规划的核心在于明确土地功能分区,构建农业、工业、服务业协同发展的土地利用格局。

首先,需对闭坑后的土地进行全面评估,包括土地质量、地形地貌、水资源条件等因素,为科学规划提供基础数据支持。

其次,在农业方面,重点发展板栗种植产业,依托得天独厚的自然条件,建设大规模、标准化的板栗种植基地。通过引进优质苗木品种,推广科学的种植管理技术,提高板栗的产量和品质。

最后,在工业与服务业方面,规划建设板栗仓储冷库、深加工厂房等基础设施,满足板栗全产业链发展的需求。依托现有电商体系,建立更完善的物流网络和电商平台,拓宽板栗销售渠道,提升品牌影响力。此外,结合板栗文化,发展乡村旅游和休闲观光产业,推动第一、二、三产业融合发展,形成多元化经营格局。

5)总结

露天矿山闭坑后复垦土地总面积达到 966 558 $m^2$。这些土地经过科学规划和土壤修复,大部分可以恢复到适宜农业种植的状态。为现代农业发展提供了宝贵的土地资源。该县板栗种植历史悠久,已建成大规模的标准化生产基地,并拥有完善的冷鲜库体系和销售网络(王同坤,2007)。闭坑后的土地可进一步扩大板栗种植面积,提升板栗产业的产量和品质,推动板栗产业的规模化、标准化和品牌化发展。闭坑后的土地不仅可用于农业发展,还可为仓储、加工、物流、电商、文化旅游等工业与服务业提供广阔的发展空间。通过构建综合性产业体系,可推动经济多元化和高质量发展。

## 4.3 某集中开采区2

### 4.3.1 集中开采区概况

#### 4.3.1.1 矿区范围划定情况

1)矿区范围划定原则

矿区范围划定原则同 4.2.1.1 矿区范围划定原则。

2)拟设矿区范围

集中开采区内拟设矿区范围基本沿等高线和山谷划界,符合水平分层开采法开采的要求,最终形成缓边坡和大平台,减少恢复治理成本。

#### 4.3.1.2 自然地理与经济状况

1)地形地貌特征

矿区最高海拔标高 499.40m,最低海拔标高 200.00m,最大相对高差 299.40m,局部地形陡峭,地形地貌属中低山区,地形总体上是西高东低,北高南低,地形起伏较大,局部切割强烈,山梁总体呈北东-南西向展布。岩石出露良好,仅在山沟及山脚下有第四系残坡积物及黄土覆盖。

2)气象水文特征

本区属暖温带半湿润半干旱大陆性季风气候区,四季分明,雨热同期。具有春季干旱多风,夏季炎热多雨,秋季天高气爽,冬季寒冷少雪等特征,年平均气温 13.2℃。其中,年内7月份最热,多年平均气温在 26.7℃上下;1—2月或12月最冷,多年平均气温在 $-4 \sim -2$℃之间。全县多年平均降水量 500~600mm。受地形变化和水汽来源的影响,全县降水量时空分布不均,年际变化悬殊是其主要特征。

矿区地表水系主要为漳河水系,东南地表水体为东武仕水库,区南部有跃峰渠,1977 年 9 月建成通水。跃峰渠全长 244.98km,穿透 54 座山峰,跨越 49 道沟壑。引漳河水入东武仕水库,除满足沿渠农田灌溉,为 10 余座水电站提供水源发电外,年均向东武仕水库输水 1 亿多立方米。区内漳河受到上游水库控制,多为季节性河流,仅在汛期或输水渠排水才见有明流。地下水主要是孔隙水,赋存于卵石、砂土层中。卵石、砂土具较强透水性,富水量较大。

3)经济社会发展现状

所属县是中国磁州窑发祥地、全国重点产煤县、全国纺织产业集群试点县、中国童装加工名城、国家优质商品粮基地县、国家瘦肉型猪养殖基地、河北省莲藕之乡、河北省森林资源大县、河北省旅游资源大县。

2023年,全县生产总值完成155亿元,实施各类项目192个,争列国家重大项目1项、省重点项目6项、市重点项目32项,完成年度投资计划的127%。争取政府专项债券资金8.7亿元,同比增长4.2倍,为交通、水利等重大基础设施和重点项目建设提供了有力的资金支持。全县地区生产总值增长6.5%,一般公共预算收入增长23.6%,规模以上工业增加值预计增长9%,固定资产投资增长8.5%,社会消费品零售总额预计增长9%,进出口总值预计增长164%,城乡居民人均可支配收入预计分别增长8.5%、10%。2022年前三季度5项主要经济指标增速均高于全市平均水平,主要经济指标触底企稳、稳中向好,为全县高质量发展夯实了基础。

截至2023年底,全县共有固体矿山企业9家,其中煤炭7家、铁矿1家、建筑石料用灰岩1家。矿山企业总从业人数约0.60万人,矿业工业总产值30.2亿元,占全县2022年生产总值的19.4%,矿业经济对县经济的稳定发展提供了有效支撑。

所属乡常住人口均在1.7万人(数据来源于《第七次全国人口普查公报》),主要粮食作物为谷子、小麦、黄豆、玉米,主要果产品有核桃、柿子、花椒、黑枣等。畜牧业以饲养牛、猪、羊、家禽为主。矿产资源主要有石灰岩、白云岩等。主导产业以建材非金属矿山开采为主。

#### 4.3.1.3 保有资源量

拟设采矿权范围内保有熔剂用白云质灰岩矿资源量25 367.8万t,其中探明资源量3 532.1万t,控制资源量16 018.7万t,推断资源量5 817.0万t;保有熔剂用石灰岩矿资源量24 083.4万t,其中探明资源量11 873.8万t,控制资源量6 835.8万t,推断资源量5 373.8万t;保有建筑石料用白云岩矿推断资源量1 157.6万m³;保有建筑石料用灰岩矿资源量1 934.6万m³,其中探明资源量622.8万m³,控制资源量294.2万m³,推断资源量1 017.6万m³。

### 4.3.2 三维地质模型的构建

#### 4.3.2.1 矿体圈定

本次黑色冶金熔剂用石灰岩矿、建筑石料矿资源量估算指标,按照露天开采黑色冶金熔剂用石灰岩矿、建筑石料矿申请的工业指标,作为本次圈矿的工业指标。

1)黑色冶金熔剂用石灰岩矿工业指标

(1)质量指标(表4-1)。

(2)开采技术指标。

①矿体最小可采厚度≥8m。

②夹石最小剔除厚度≥2m。

③岩石边坡角≤50°;松散层边坡角≤45°。

④最低开采标高:北区250m,南区200m。

⑤安全爆破距离≥300m。

⑥全矿区剥离比小于≤0.5∶1($m^3/m^3$)。

## 第 4 章 非金属露天矿山新型开发模式研究

表 4-1 黑色冶金熔剂用石灰岩化学成分一般要求

| 类别 | 品位界限 | 质量分数(%) | | | | | |
|---|---|---|---|---|---|---|---|
| | | CaO | CaO+MgO | MgO | $SiO_2$ | S | P |
| 石灰岩 | 边界品位 | ≥48 | | ≤3.0 | ≤4.0 | ≤0.04 | ≤0.15 |
| | 工业品位 | ≥50 | | ≤3.0 | ≤4.0 | ≤0.04 | ≤0.15 |
| 白云质石灰岩 | 边界品位 | | ≥49 | ≤8.0 | ≤4.0 | ≤0.03 | ≤0.12 |
| | 工业品位 | | ≥51 | ≤8.0 | ≤4.0 | ≤0.03 | ≤0.12 |

2) 建筑石料矿工业指标

(1) 岩石饱和抗压强度≥30MPa。

(2) 孔隙率：Ⅱ类≤45%。

(3) 吸水率：Ⅱ类≤2.0%。

(4) 含泥量：Ⅱ类≤1.0%。

(5) 泥块含量：Ⅱ类≤0.2%。

(6) 针片状颗粒含量：Ⅱ类≤10%。

(7) 有机质含量：Ⅱ类合格。

(8) 硫酸盐及硫化物(按 $SO_3$ 质量计)：Ⅱ类≤1.0%。

(9) 坚固性(质量损失)：Ⅱ类≤8%。

(10) 碎石压碎指标：Ⅱ类≤20%。

(11) 碱集料反应：不具碱活性。

(12) 内照射指数 $I_{Ra}$：≤1；外照射指数 $I_r$：≤1.3。

(13) 表观密度：Ⅱ类≥2.60g/cm³。

矿区内构造比较简单，仅在矿区西北部(F7、F9)和西南部(F10)出露。区内地层呈单斜构造，整体倾向主要为南东，倾角一般为8°~25°。局部地层受构造影响产状有所变化，特别是西北部(F7、F9)对地层产状影响变化较大，使局部地层向北东、北、北西方向倾斜，倾角最大可达35°。受断层的控制，矿区内发育着一些较低序次的幅度和宽度较小的开阔褶曲，构成了区内的主要构造轮廓。

构建的勘探线三维图见图4-11。

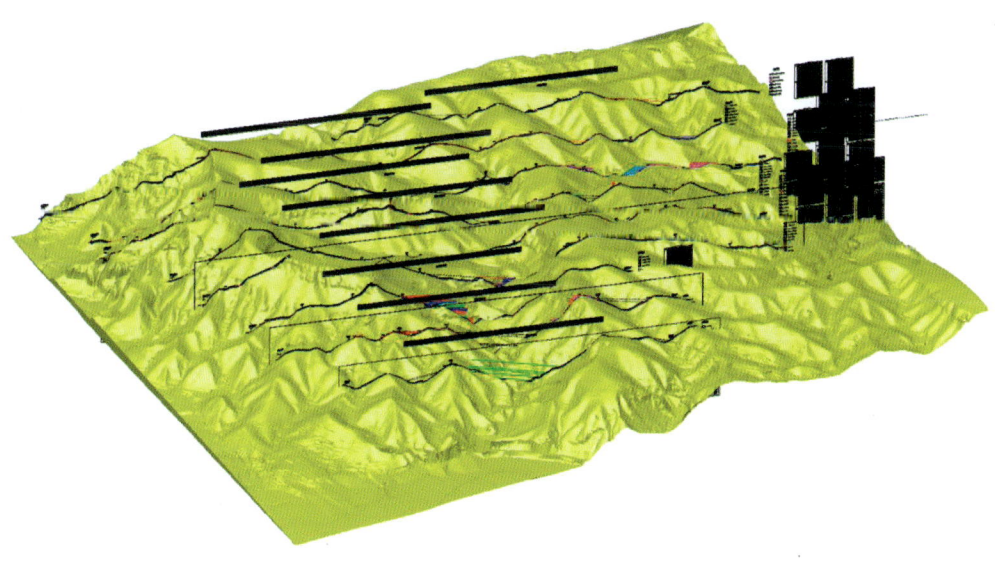

图 4-11 勘探线三维可视化图

4.3.2.2 数字地表模型(DTM)

建立地表模型旨在直观、清晰地展示地表与矿体等其他空间体的三维位置关系。地表模型的构建通常基于地形等高线,等高线分为具有高程值属性和不具有高程值属性两种。

勘查区最高海拔标高546.7m,最低海拔标高196m,最大相对高差350.7m,局部地形陡峭,地形地貌属中低山区,地形总体上是西高东低,北高南低,地形起伏较大,局部切割强烈,山梁总体呈北东-南西向展布。岩石出露良好,仅在山沟及山脚下有第四系残坡积物及黄土覆盖。

由于不具有高程属性的等高线,需要进行高程赋值预处理。矿区已建立了数字地表模型(图4-12)。

图4-12 地表模型图

4.3.2.3 矿体模型(3DM)

矿区范围由南、北两个区块组成。其中北区南北向长约936m,东西向宽约1746m,面积0.99km²;南区南北向长约1804m,东西向宽约2364m,面积3.00km²。

K1矿体地质特征,矿体赋存在北庵庄组二段($O_{1-2}b^2$)地层中,底板围岩为北庵庄组一段($O_{1-2}b^1$)角砾状灰岩,矿体与围岩间呈渐变关系,其资源量占总矿石量的23.30%。赋矿岩石为灰岩、白云质灰岩、花斑灰岩,顶板围岩为角砾状灰岩,局部夹有薄层白云质灰岩。矿体形态呈中厚层状—厚层状单斜产出,产状与地层产状一致。走向210°左右,呈舒缓波状,产状90°～130°∠7°～15°,产状稳定。仅在10线(ZK1002、ZK1004、钻孔揭露地段至地表)矿体倾角增大,矿体倾角20°～35°。

矿体最厚74.69m,最薄9.63m,矿体平均厚度45.21m。矿体厚度变化系数46.57%,属于较稳定。

采用基于勘探线剖面图的矿体模型构建方法,辅以矿体边界线和钻孔数据,建立了矿体的实体模型,见图4-13。

最终境界模型与地表模型的套合情况见图4-14～图4-16。

# 第4章 非金属露天矿山新型开发模式研究

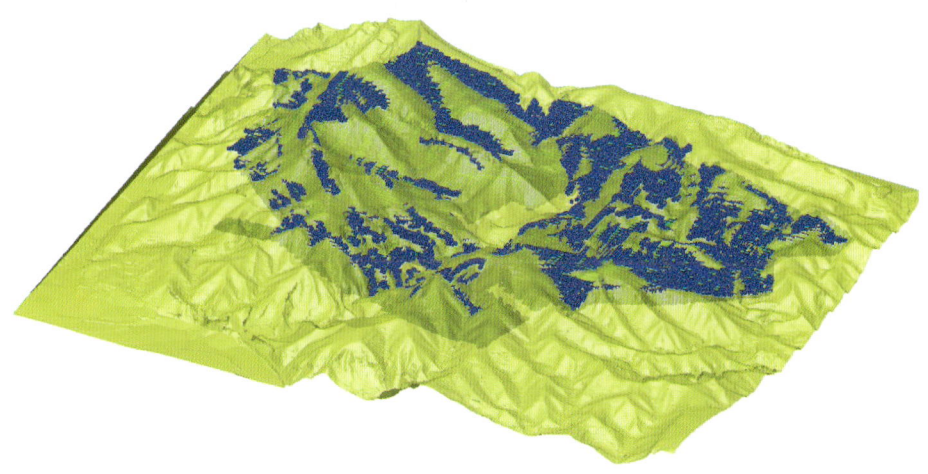

图 4-13 地表和矿体模型叠加图(深色为矿体,浅黄色为地表)

图 4-14 最终境界及地表三维展示图,俯视 $xy$ 视角

图 4-15 最终境界及地表三维展示图,侧视 $xz$ 视角

图 4-16　最终境界及地表三维展示图,综合展示

#### 4.3.2.4　块体模型的建立

在综合考虑矿区的矿体形态、开采方式、工程控制网度和矿体边界等基础上,最终确定矿区单元首级分块尺寸为 10m×10m×10m,次级分块尺寸为 5m×5m×5m,建立的境界内块体模型见图 4-17。

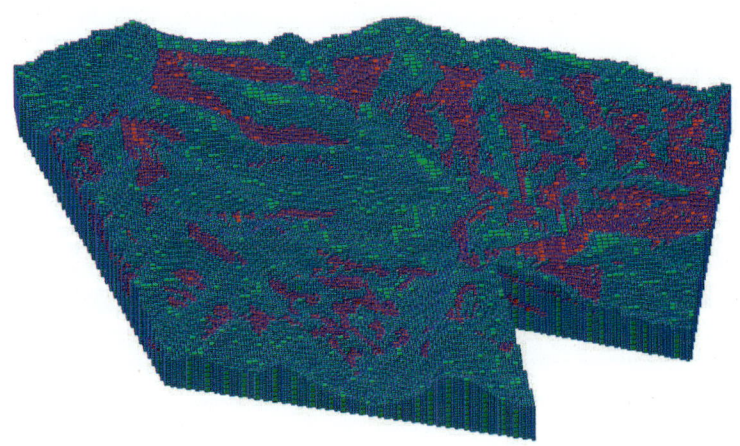

图 4-17　境界内块体模型(红色为矿石,绿色为岩石)

### 4.3.3　矿山开采终了境界形态分析

1)矿区范围内保有资源量

(1)熔剂用白云质石灰岩。

熔剂用白云质石灰岩矿资源量 25 367.8 万 t,其中探明资源量 3 532.1 万 t,控制资源量 16 018.7 万 t,

# 第 4 章  非金属露天矿山新型开发模式研究

推断资源量 5 817.0 万 t。

（2）熔剂用石灰岩。

熔剂用石灰岩矿资源量 24 083.4 万 t，其中探明资源量 11 873.8 万 t，控制资源量 6 835.8 万 t，推断资源量 5 373.8 万 t。

（3）建筑石料用白云岩、灰岩矿。

建筑石料用白云岩矿推断资源量 1 157.6 万 m³；建筑石料用灰岩矿资源量 1 934.6 万 m³，探明资源量 622.8 万 m³，控制资源量 294.2 万 m³，推断资源量 1 017.6 万 m³。

2）终了境界确定原则

终了境界确定原则同 4.2.1.1  矿区范围划定原则。

3）终了境界平面形态

拟设采矿权开采终了共形成东、西两个采场，最终平台面积为 140.17 万 m²（2 102.55 亩），其中东采场的平台面积为 70.17 万 m²（1 052.55 亩），西采场的平台面积为 70.00 万 m²（1050 亩）。最终境界周长为 12 833m，其中边坡长度 3404m，占比 27%；平台开口长度 9429m，占比 73%，开口长度超过了总长度的 50%。终了境界平面形态见图 4-18～图 4-20。

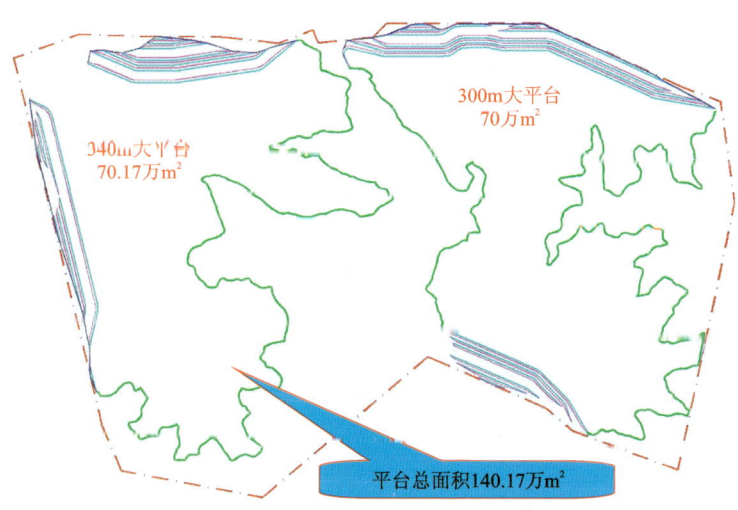

图 4-18  边坡分布情况示意图

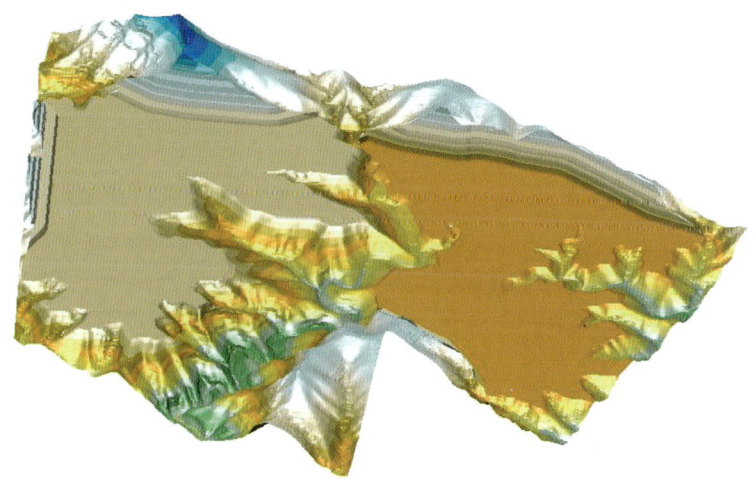

图 4-19  边坡形态正视图

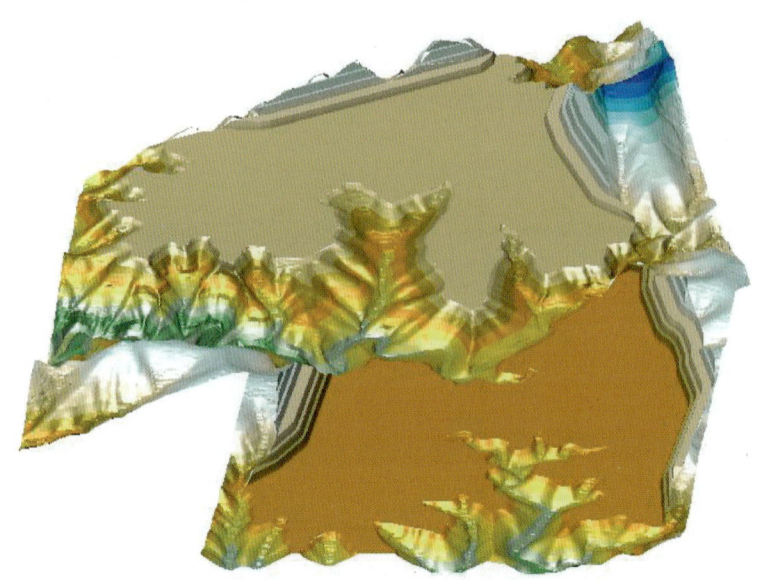

图 4-20　边坡形态侧视图

4）最终边坡

集中开采区终了境界可分为东、西两个采场，中间为一条自然沟谷将采场分割，东采场存在北部、南部两面边坡，西采场存在北部、西部两面边坡。东采场最大边坡高度为 128m，西采场最大边坡高度为 110m，均属于中高边坡；最终边坡角为 42°，属于缓边坡。可以看出，集中开采区开采结束后，不会形成高陡边坡，有利于采场边坡的长期稳定性。

5）设计开采平台

最终台阶高度为 20m，安全平台宽度为 8m，每隔 2 个安全平台设置 1 个宽平台，宽平台宽度为 20～30m。

6）终了底平台

终了底平台坡度为 0°～6°，形成两级大平台，分别为 340m、300m，终了底平台面积 140.17 万 $m^2$。

7）水平分层开采法开采境界内资源量

(1) 熔剂用白云质灰岩。

熔剂用白云质灰岩矿资源量 3 202.1 万 t，其中探明资源量 880.8 万 t，控制资源量 1 887.0 万 t，推断资源量 434.3 万 t。

(2) 熔剂用石灰岩。

熔剂用石灰岩矿资源量 10 102.4 万 t，其中探明资源量 5 991.9 万 t，控制资源量 2 870.3 万 t，推断资源量 1 240.2 万 t。

(3) 建筑石料用灰岩矿。

建筑石料用灰岩矿资源量 695.1 万 $m^3$，其中探明资源量 394.7 万 $m^3$，控制资源量 31.10 万 $m^3$，推断资源量 269.3 万 $m^3$。

### 4.3.4　矿山闭坑后迹地利用方向分析

根据集中开采区实际情况，宜采用农业用地模式进行再利用，将整合区范围复垦为旱地。

集中开采区开采终了形成两个 70hm² 的底部平台，开采结束后对露天采场底部平台进行平整处理，清除大块碎石，局部削高填低，重新平整土地并在露天采场底部平台覆土，将集中开采区内土地复垦为旱地,用于种植经济作物。且区内现状地类为灌木林地及其他草地,将其复垦为旱地,符合《土地复垦条例》要求的"复垦的土地应当优先用于农业"。

近年来所属县围绕"一乡一业、一村一品",坚持依托龙头企业带动产业规模发展的原则,实施"四个一万亩"工程,以发展特色农业产业推动乡村全面振兴。其中"万亩甘薯"以"禾下土"脱毒红薯种苗基地为龙头,利用甘薯脱毒组培、种薯生产、种苗繁育等方面优势,采取"龙头企业+村集体+种地大户"的合作方式,提供技术、种苗等方面的支持和服务,采用技术指导、订单销售等方式,助力基层群众稳步增收。目前,"禾下土"基地每年培育优质脱毒甘薯种苗 5 亿株,直接服务甘薯种植企业和薯农 1 万余户,累计推广种植面积达到 100 余万亩,覆盖全国 29 个省份。

全县已完成新增甘薯、高粱、生姜、芋头和花椒种植 2.4 万亩的种植计划。"四个一万亩"项目共带动全县 7 个乡镇 165 个村 1 万余户群众,户均增收 800 元以上,经济效益达到 1.9 亿元。

综上所述,矿山闭坑后将开采区范围内的土地复垦为旱地的可行性较高且具有良好的经济效益。

### 4.3.5 可行的产业类型建议

1) 现状分析

矿区所属乡长期以来面临着农业基础设施薄弱、农田分布零散、农业收益低下的挑战。青壮年劳动力的外流使得村庄活力不足,闲置土地日益增多,这不仅限制了当地农业的发展,也影响了农民的生活水平和乡村振兴。然而,随着国家对乡村振兴战略的高度重视和一系列扶持政策的出台,所属乡迎来了前所未有的发展机遇。特别是即将开发的两块共计 2000 多亩的矿山平整土地,为都党乡农业的转型升级和可持续发展提供了宝贵的资源基础。

这些矿山平整土地具有显著的优势:一是土地面积大且连片,便于进行规模化、集约化经营;二是土壤经过平整后肥沃度较高,有利于农作物的生长;三是水源条件相对较好,能够满足现代农业灌溉的需求。

即将开发的 2000 多亩矿山平整土地,无疑为该乡提供了一次难得的机遇。这些土地经过专业的平整处理,不仅会去除原有的矿山痕迹,还会恢复土壤的肥力和生态环境。更重要的是,这些土地连片面积大,易于进行统一规划和管理,为农业规模化、集约化经营创造了条件。这对于改善所属乡农业基础设施、提高农业生产效率、增加农民收入具有重要意义。

2) 农业再利用的广阔前景

该县作为全国甘薯良种繁育的重要基地,其甘薯产业展现出鲜明的区域优势。这一优势不仅体现在甘薯的广泛种植和卓越品质上,更在于所属乡对甘薯产业持续发展的坚定决心和长远眼光。在这样的背景下,矿山开采活动的结束,为这片土地留下了一片广阔而平整的空间,亟待新的生机与活力来焕发其潜力(汤月敏等,2010)。

与此同时,乡村振兴战略的深入实施为农业发展开辟了新的天地。这一战略不仅凸显了农业的重要地位,更为农业的现代化、产业化发展提供了坚实的政策支撑和明确的方向指引。在这样的时代背景下,面临着如何充分利用现有资源,推动甘薯产业进一步发展,实现经济、社会和生态效益共赢的重大挑战和机遇。

值得一提的是,在这片充满活力的土地上,有一家以"小种子"创造大奇迹的企业——某市禾下土种业有限公司。这家公司不仅坐拥 1.5 万亩种苗生产基地,年销售量更是达到了惊人的 15 亿株,产值高达 2 亿元。它不仅在甘薯种苗生产领域占据领先地位,更是全国甘薯作物中唯一入选国家种业阵型的企业,为该县甘薯产业的蓬勃发展注入了强劲的动力。

禾下土种业有限公司先后承担了国家区域性甘薯良种繁育基地、全国甘薯新品种联合鉴定、全国甘薯新品种试验和观摩基地等多项重要任务。凭借不断的努力和创新，公司荣获了全国农牧渔业丰收奖、河北省科技进步奖、河北省十佳种业企业等多项殊荣。同时，禾下土种业有限公司还积极履行企业责任，参与扶贫攻坚、慈善捐助等社会活动，被授予河北省脱贫攻坚奉献奖，展现了企业在追求经济效益的同时，也不忘回馈社会的高尚情怀。

  在这样的背景下，此次矿山开采结束后规划具有深远的意义。首先，它将推动甘薯产业的规模化、现代化发展。通过引进先进的种植技术和管理模式，提高甘薯的产量和品质，进一步巩固该县作为甘薯良种繁育基地的地位（马代夫等，2004）。同时，借助禾下土种业有限公司的强大实力和技术支持，本项目将更加注重甘薯品种的研发和推广，力求在甘薯产业领域实现更大的突破和创新。通过品牌建设和市场推广，提升所属乡甘薯的品牌影响力，使其在全国范围内享有更高的知名度和美誉度。

  其次，将实现矿山土地的有效再利用。矿山开采后留下的土地，将通过科学合理的规划和利用，被转化为甘薯种植基地和深加工产业园区。这一举措不仅解决了土地闲置的问题，还为当地农民提供了更多的就业机会和收入来源。同时，甘薯产业的发展将带动相关产业链的形成和发展，如甘薯加工、销售、物流等，进一步促进当地经济的多元化和可持续发展。

  最后，通过第一、二、三产业的深度融合，打造全产业链条。对甘薯的种植、加工到销售、旅游等多个环节进行有机整合和协同发展。通过全产业链条的打造，提高产业附加值，增加农民收入和企业效益。同时，通过农业与旅游、文化等产业的融合发展，如开展甘薯文化旅游节、甘薯美食节等活动，吸引更多游客前来体验，从而推动当地农村经济的全面振兴和升级。

  综上所述，本次规划的提出不仅符合该县的实际发展需求，更顺应了乡村振兴战略的时代潮流。它将通过推动甘薯产业的规模化、现代化发展，实现矿山土地的有效再利用，以及打造全产业链条等多个方面的努力和实践，为当地经济的发展、社会的进步和生态的改善作出积极的贡献。同时，借助某市禾下土种业有限公司的强大实力和技术支持，本项目有望在全国甘薯产业领域树立新的标杆和典范，推动甘薯产业乃至整个农业产业的持续发展和繁荣。

  在实施本项目的过程中，需要特别注重生态环保和可持续发展。在甘薯种植过程中，采用先进的生态种植技术和管理模式，减少化肥和农药的使用量，降低对土地和水资源的污染（马代夫等，2012）。同时，积极推广循环经济和资源综合利用理念，将甘薯加工过程中产生的废弃物转化为有机肥料或生物质能源等有用资源，实现资源的最大化利用和环境的最小化影响。这将有助于保护当地的生态环境，为子孙后代留下一片绿水青山。

  在推动甘薯产业发展的同时，还将高度重视对农民利益的保护和提升。建立合理的利益分配机制和农民参与机制，确保农民在甘薯产业发展中获得实实在在的收益和福祉。同时，通过开展技术培训和指导服务等活动，提高农民的技术水平和市场意识，增强其自我发展和创新能力。这将有助于激发农民的积极性和创造力，为甘薯产业的持续发展提供有力的人才保障。

  此外，矿山开采后土地再利用的实施还将有力推动当地社会的和谐与进步。通过甘薯产业的发展和相关产业链的延伸拓展，将为当地创造更多的就业机会和收入来源。这将有助于缓解当地的就业压力和社会矛盾，促进社会的和谐稳定。同时，通过加强基础设施建设和社会事业发展等措施的实施，进一步改善当地人民的生产生活条件和社会环境氛围。这将有助于提高当地人民的生活质量和幸福感，推动社会的全面进步和发展。

  总之，本矿山开采后土地的再利用不仅将为甘薯产业的持续发展和繁荣作出积极的贡献，还将为推动乡村振兴战略的实施和探索农业现代化道路提供有益的借鉴和参考。

## 4.4 新型矿产开发模式研究

### 4.4.1 非金属露天矿山范畴

矿产资源是经济社会发展的基础性产业,为工业、农业、交通运输业等提供必要的原材料。矿产资源的开采和加工对经济增长起到了重要的支撑作用,尤其在发展中国家,矿产资源的出口是重要的外汇来源。非金属露天矿山主要指开采建筑石料用的灰岩、白云岩、花岗岩、安山岩、闪长岩、玄武岩或饰面用花岗石、大理石、石灰石、砂岩、板石等矿种,以及水泥用灰岩、砂岩、石英岩、页岩、建筑用砂、黏土类等矿种的矿山。

建筑石料用灰岩、白云岩等硬度比较大、最终产品方案对矿石形状没有特殊要求的矿种一般采用爆破开采工艺,采用台阶式分层开采,生产工艺流程:穿孔→爆破→铲装→运输。

饰面用花岗石、大理石、石灰石、砂岩、板石等饰面石材一般采用锯切开采,生产工艺流程:剥离→长块条石分离→翻倒→条石分割→移位→整形→吊装与运输→清渣。

国外部分矿山采用露天采矿机机械开采,采用动力链机械式传动,由装在滚筒周边的截齿破落矿石,采矿、破碎、装运单台设备一次性完成,采出矿石的粒径全在 100mm 以下。

另有个别矿种采用水力开采和采掘船开采。

### 4.4.2 非金属露天矿山开发模式发展历程

纵观国内外矿业发展的历史,可以概括出非金属露天矿山源开发的 3 种模式。

1)"先污染、后治理—先破坏、后恢复"模式

自 1964 年第三次工业革命以来,世界各国在矿产资源开发方面,普遍经历了"先污染,后治理"的过程,矿业开发导致了一系列环境公害。如 19 世纪末期,美国田纳西州炼铜厂位于戈斯特镇,由于废气污染,致使周围山上的树木逐渐枯萎死亡,铜矿排出的废水使河水污染、鱼群灭绝,镇上居民逐渐离去,最终铜矿倒闭,成为一片废墟。日本富山县神通川下游地区因 20 世纪 50 年代锌冶炼厂排出含镉废水,诱发了著名的富山骨痛病事件,导致骨癌病患者超过 280 人,死亡 43 人。美国西部滥抽地下水、开采石油天然气和煤炭及其他矿产资源,引起地层压实收缩,一些地区出现大面积的地面沉降现象。深刻的历史教训、沉重的环境代价值得我们引以为戒。究其原因主要是受到当时科技发展水平的限制,企业追求最大限度利润,加之当时政府环境意识淡薄等,以牺牲生态环境为代价换来经济发展。中华人民共和国成立 70 多年来,我国矿业开发也基本沿袭着这一矿业发展模式,这就是今天国有老矿山普遍存在较严重矿山环境地质问题的历史原因。

该开发模式遵循"原料→产品→废料"的生产理念与生产模式,以最大限度地获得经济效益为原则,对生态效益、环境效益、安全效益的关注度不高,在这一生产理念与生产模式之下,矿石进入下游进行深加工,废石被堆砌至排土场,得不到合理的综合利用,并压占生机盎然的原始景观。大好河山被"开膛破肚",满目疮痍。不但造成资源浪费破坏,还造成环境污染。

2)环保限制下的"被动环保—污染转移型"开发模式

这是一种后工业化时代的矿业发展模式,虽有效地保护了环境,但却在某些方面制约着矿业的发展,使得矿业市场出现低迷萧条。某些发达国家,为了国家国防安全和矿产安全,采取了严格限制矿业

发展的政策。用开发海外矿产资源来提供国内需要,同时将环境破坏转嫁给其他国家。自 20 世纪 60 年代以来,特别是可持续发展思想提出之后,矿产资源合理开发与环境保护问题,已被世界各国所重视。经济发展水平和社会体制不同,决定着世界各国矿产资源保护程度和政策的差异。发达的工业化国家以美国为代表,生产水平较高,矿业立法较早,为了本国经济利益和环境利益,现阶段矿业开发不仅仅限于国内,还可以通过资本输出开发国外矿产资源。这样既获得了高额矿业利润,又储存了国内矿产资源,同时又转移了因矿业开发带来的环境地质问题。目前,我国加大了矿山地质环境保护的工作力度,也开始重视"两种资源、两个市场",但是由于受国情限制和为保证国家矿产安全,"严格环境条件下的矿业开发"并不适合现阶段我国国情。

3) 政策引导下的"绿色矿业"开发模式

"在保护中开发、在开发中保护"是我国现阶段矿产资源开发的原则,即走合理开发利用矿产资源与矿区生态环境保护协调发展的绿色矿业之路,是合理解决资源开发与生态环境保护之间的主要矛盾、实现动态条件下资源开发与生态环境保护"双赢"目标的必由之路。

绿色矿业是指采用科学合理的开发方法,在保证矿产资源合理开发利用的同时,注重生态环境保护,实现矿业与环境和谐共生的一种新型矿业模式。它强调以资源节约、环保友好为核心价值观,将环境保护融入矿业全生命周期中,通过技术进步、管理创新等方式减少对环境的影响,推动矿业可持续发展。

绿色矿业涉及许多新的技术领域,需要大量的研发投入和技术积累。但由于市场环境的变化和企业的自身条件限制,技术创新往往面临诸多困难。绿色矿业的发展涉及多个利益主体,如何平衡各方的利益关系,确保公平合理,是一大难题。

### 4.4.3 传统非金属露天矿产开发模式的弊端

传统的露天开采一般采用公路开拓、汽车运输系统,采用台阶式分层开采,露天开采终了后形成不同高度、不同边坡角度的大面积裸露边坡,台阶高度一般为 10～20m,每个台阶底部设安全平台,每隔 1～2 个安全平台设置清扫平台。

从我国当前矿产产业的分布以及技术应用的情况来看,传统矿产资源开采主要以"高开采、低利用和高排放"为核心理念,是一种由"资源—产品—废物"所构成的单维度的资源流通经济。

人们通过技术以越来越高的强度将自然环境中所蕴含的资源、能源等开采出来投放于生产加工与消费领域,而在过程中又将污染物和废弃物大量地排放到自然环境之中,对资源的使用常常是粗放型的、一次性的,这种开采与使用模式必然导致自然资源的匮乏、能源短缺以及环境污染等生态危机。

目前,传统矿产开发模式的弊端主要体现在 5 个方面:①土地资源遭到压占及毁损;②生态环境污染;③自然环境污染;④矿山地质灾害,如滑坡、崩塌、泥石流等;⑤资源浪费与破坏。

#### 4.4.3.1 土地资源遭到压占及毁损

露天开采矿山采场全面剥离后原地貌、自然景观、土地资源等严重破坏,土地的生态功能完全丧失。雨季时受到雨水滴落侵蚀,土壤内的营养成分会被大量带走。若遇到强降雨,废渣弃土场下方既无挡土墙,上方又无截、排水沟,矿区边坡往往同时受到水力侵蚀和重力侵蚀,并以坍塌的形式向内部进一步侵蚀,侵蚀速度受到降雨强度的影响,侵蚀的面积将随着时间逐渐增大,水土流失也将越来越严重。

#### 4.4.3.2 生态环境破坏

露天矿山开采活动会直接影响矿区生态群落的稳定性与功能,地形地貌的破坏与生态群落稳定性的下降将会对矿区原有的景观质量造成巨大的改变。矿山开采活动破坏地表原有植物、损毁原有地貌、形成废渣弃土场、建设生产生活建筑等,矿区及周边地区的地貌特征发生了较大改变,严重降低了矿区及周边地区原始自然风光的美感度。特别是矿区被废弃之后,施工区域形成了深大的矿坑和废渣弃土场,植被恢复难度较大且短时间内无法完成,因此矿区景观美感度极差。

露天采场是矿区地形地貌景观破坏的主要原因之一。采场不仅破坏了自然坡体的原始植被,而且采矿活动形成的大量裸露山体缺口,也会严重地破坏自然景观。

#### 4.4.3.3 自然环境污染

资源开采造成的大气污染是指矿山开采产生的粉尘、废气和有害气体改变了大气自然状态的成分和性质,造成空气污染,甚至形成的酸雨,腐蚀农田,改变土壤和生物生存环境。粉尘和气体的排放加剧了呼吸道疾病,影响当地居民健康。

#### 4.4.3.4 矿山地质灾害

矿山地质灾害是指因为自然或人为产生的影响,使得原有矿山的地形地貌特征遭到破坏,并导致矿区周边群众的生命财产受到损失,或生态环境遭到破坏的一类灾害类型。

在矿山开采过程中,由于人为因素或自然因素对矿山地质状况产生的干扰,极易导致矿山地质灾害的发生,其主要类型有露天开采产生的边坡、废弃矿渣形成的边坡失稳引发的崩塌和滑坡;废弃矿渣的不合理堆放,在暴雨状况下引发的矿渣泥石流等,这些地质灾害给矿区周边群众的生命及财产安全带来了巨大的威胁。

崩塌和滑坡发生的机理与地形地貌条件、天气状况等因素有关,而针对露天矿山主要是因为长期、大规模的采矿活动。

虽然露天矿山最主要的地质灾害是崩塌、滑坡,但在特殊条件下也会发生泥石流灾害。采矿倾倒的废弃矿渣为矿山泥石流的主要物质来源,采矿后形成的矿坑,使得矿山岩土体稳定性较差,极易发生岩石松动、崩塌以及裂隙,进而产生大面积的泥土和滚落石,为泥石流灾害的暴发提供了天然的固体物质。矿山在选址、开采和运输过程中都会产生大量废弃矿渣,其积聚速度是天然固体物质所无法相提并论的。

水是泥石流的重要组成部分及搬运介质,其强大的冲击力还是泥石流产生的动力。废弃矿渣在降雨的时候吸收大量水分,当完全饱和后,常出现"小雨小泥石流""大雨大泥石流"的现象,降雨强度对泥石流的发生影响较大。此外,在矿山开挖作业时,若生产、生活废水随意排放,一旦废弃矿渣遇到水,也将为泥石流的发生提供水动力因素。矿山在开采过程中地表的植物群落被大面积铲除,破坏了地表原有的稳定结构,其贮存雨水的能力也随之大幅度降低,雨水快速汇流集中,洪峰流量和洪水总量激增,发生泥石流的可能性也会提高。同时矿山在开采过程中大多存在不合理的选址、开挖、切坡等,极易导致高陡边坡发生失稳,引发崩塌、滑坡、泥石流等地质灾害。

#### 4.4.3.5　资源浪费与破坏

伴随科技的进步,我国的找矿技术发生了质的变革,由"老三件"——罗盘、地质锤、放大镜,发展到运用卫星、航空遥感、GPS、远程会商等现代技术。虽然可找到的矿种日益增多,可涉及的领域也日益宽广,但在矿产资源开采过程中仍然存在严重的资源浪费与破坏。

由于资源认知水平的限制,而无法对某一矿藏进行全面的评估,仅取所需资源种类,而废弃其他种类,造成资源浪费。

### 4.4.4　非金属露天矿山生态修复研究

#### 4.4.4.1　非金属露天矿山主要破坏形态

非金属露天矿山破坏形态主要以高陡边坡、排土场、凹陷坑为主。

1)高陡边坡

大部分露天矿山开采坡度较大,落差较高,闭矿后将会形成高陡边坡。高陡边坡主要由坚硬的碎石组成,表层很少有土壤覆盖,几乎没有植被生长。由于坡表没有植被保护,再加上长期的风化作用,边坡表面极为破碎,在雨水的作用下,坡体易发生塌落、裂缝和岩体位移,形成大规模的崩塌、滚落石及泥石流等地质灾害。

2)排土场

排土场多由开挖作业时产生的表土、废石等堆放而形成,一般风化作用的时间较短,边坡结构松散,理化性质差,孔隙度较大,保水保肥能力差,表面无植被覆盖,氮、磷、钾、有机质等极为缺乏,缺少植被生长必要的土壤环境。由于缺少植物降雨截留、降低地表径流等功能,在雨季时雨水将大量渗入松散堆积体中,降低其稳定性,再加上坡面水土流失现象严重,易引发泥石流等地质灾害。

3)凹陷坑

许多露天矿山由于地质条件限制,无法实现内排,在开挖完成后常形成凹陷坑,在雨季可能会发生崩塌、滚落石等地质灾害。同时,凹陷坑在受到较大地应力时会被强烈压缩,有可能使得岩石破碎,崩裂至矿坑内,引发矿山地质灾害。

#### 4.4.4.2　生态修复难题

1)地质条件差

各露天矿山自然条件间相差较大,地质环境复杂多变且土壤条件较差。大多数露天矿山都存在缺土、少水、养分不足等问题,修复难度较大。

露天矿通常节理裂隙发育较弱,岩石风化严重,坡面表层多为风化而形成的小颗粒矿渣,在各采矿活动中常受到大型设备碾压,表土板结严重,物理结构、持水保温能力较差,氮、磷、钾和有机质等养分含量只有普通土壤的20%~30%,自然条件下植被很难生长。

2)生态修复成本高

露天矿山周边土壤环境主要以废弃矿渣为主,实际的土壤含量极低。矿区工业场地需进行硬化处理,场地中黏质土含量较低,保水保肥能力差,缺少植物生长所必需的养分,不适合植物生长和生存。因此,要进行生态修复就要先对土地环境进行改造。在生态修复过程中需要平整场地、改良土壤条件、筛选植被类型等一系列复杂的过程才能种植植被。种植后还需要进行长期的后期管理和维护,防止暴雨、大风等恶劣天气对植物正常生长造成影响,其间需要花费大量的人力、物力、财力,因此成本问题也是露天矿山生态修复难度较大的一个重要原因。

3)消耗大量的耕植土

目前常用的生态修复技术普遍需要消耗大量的耕植土配制生态基材,需要提前挖取矿区附近地区大量的耕植土、存放耕植土等大量工程,成本较高、管理难度较大。但我国大部分矿山位于山区,耕植土很少,取土较为困难,有些矿区甚至无土可取。即使矿区附近地区有耕植土可用,大量开挖也会破坏原有的、稳定的生态群落,得不偿失。因此,消耗大量的耕植土这一缺点严重制约了露天矿山生态修复工作的开展。

4)植被恢复时间长

根据植被演替的相关研究发现,在自然条件下,生态群落的恢复与重建一般需要"先锋型植物生长—土壤养分含量提高、理化特征改善—乡土植物侵入—新生态环境形成—完整群落形成",但这往往需要一个很长的过程。如果要人为介入提高群落恢复的速度,就需要采取某些方法来提高矿区的立地特征,并长期观察、分析群落内植物种类和演替程度,人为建造生态群落,使其能够快速完成演替。但这只是相对于自然演替提高了速度,若要成为稳定的生态系统仍需要较长的时间。

5)生态修复缺乏系统性、整体性布局

目前,生态修复理念已由原来单一生态要素治理和单项工程修复向"山水林田湖草"一体化保护修复方向转变。近年来,自然资源部等部委要求大力探索"政府主导、政策支持、社会参与、开发式治理、市场运作"的矿山生态修复治理模式,通过产业导入,盘活土地资源,实现生态修复与产业发展相互融合。

生态修复以复垦复绿为主,类型较为单一,且主要针对采矿平台,对于生态环境影响最大的高陡边坡尚缺乏有效的治理。生态修复景观格局营造往往聚焦于点,缺少区域国土空间格局提升和生态保护屏障的全局性、整体性把控,缺少矿山修复后农业生产、生态服务、城市建设服务等功能的输出,缺少与乡村振兴、全域旅游等产业结合的综合考量。

6)缺乏生态系统内在机理的研究

近年来,部分矿山采用的挂网喷播等高陡边坡修复方法,土壤厚度小、持水能力差,缺少植物生长所必需的水土环境及岩面牢固攀附的力学条件,重建的植被系统以草本植物为主,依赖长期灌溉维护,稳定性低、易退化,修复效果不持久,维护不经济。

废石堆人工造坡,忽略隔水层的重建,松散堆积层孔隙度大,致使水、肥严重漏失,生态修复效果差。甚至部分修复项目将南方湿润地区生态修复治理方法跨区域移植,修复效果大打折扣。

生态修复,多数聚焦于裸露岩面、草等单一生态要素,缺少对地貌景观、含水层、土壤结构、生物群落的整体营造。

针对建设工程、露天矿山、城市破损山体生态修复,专家学者从地貌整理、生态修复技术方法、生物治理措施、水与生态约束条件、因地制宜的分区治理等方面开展了大量研究,但仍未实现多层次、全方位覆盖。

#### 4.4.4.3 生态修复措施

非金属露天矿山的生态修复方案主要包括自然恢复(封育)、辅助再生、生态重建3种技术措施。

1)自然恢复(封育)措施

对位于人迹罕至的偏僻地域或生态脆弱敏感区的废弃矿山,不宜大面积开展人工整治修复工程或将矿区平整复垦为农业用地、建设用地的,应以自然修复为主。主要采取封育手段,采取封闭修复场地、拆除废弃设施等措施,消除影响生态修复的生态胁迫因子,不在修复场地内开展翻土、取土取石、搬运、垦殖等人类活动,限制人类活动对矿区生态环境的影响,排除外界干扰,减少对场地的扰动,依靠修复场地和周边生态系统的自我愈合能力,促进植被再生和生物种群恢复,逐渐修复矿山原有生态系统结构与功能。

2)辅助再生措施

采取坡面危岩清理、采坑回填、渣石清理等措施,消除场地的不稳定因素。采取坡面修整、土壤改良或覆土、截排水等措施进行场地平整,为植被恢复提供条件。采取补植、补播、抚育、清除杂灌草等措施,加快生态系统结构和功能的修复。

3)生态重建措施

在综合分析区域土壤、气候、地貌、生物等多种自然因素和社会经济发展水平、种植习惯等社会因素的基础上,结合区域空间发展规划和周边的地理、生态、经济和文化背景,采取工程措施重建生态系统。

(1)农业用地模式:主要在平原区,对于位置偏僻的建材型非金属废弃矿山,满足矿区开采前主体为农业土地利用类型,开采后水土污染较轻、土壤质量下降较小、土壤肥力无明显损失且水资源较丰富等条件,可采取土地平整措施,"挖深垫浅""划方整平",将其整理成为农业用地,耕种当地优势农作物,恢复土地的生产能力。

(2)建设用地模式:位于城镇或城乡结合部附近的废弃矿山,满足露天开采、地面较平整、地表坡度较平缓等条件,可采取相应工程措施,进行地基稳定处理,消除崩滑流等地质灾害隐患后用作建设用地。将矿山环境治理与土地开发利用相结合,将其建设成商业住房、工业开发区等,缓解城市用地紧张问题,促进城市转型发展。

(3)生态景观模式:城镇附近、自然生态景观良好或拥有悠久矿业开发历史和丰富矿业文化底蕴的矿业园区,可以通过创建生态景观公园、矿山主题公园等方式,以特色休闲旅游为主导,将自然景观资源与矿山文化资源相结合,提升城市生态品质,打造城市旅游品牌。

### 4.4.5 新时期矿产开发的发展趋势

随着时代的变迁和科学技术的不断进步,矿产开发也在科技与创新的驱动下日趋优化,未来的矿产开发发展趋势主要有以下几个。

1)集约化、规模化程度进一步提高

随着大型机械化设备的不断更新和资源配置体量的不断加大,未来矿产开发的集约化、规模化程度势必进一步提高。

2)矿产开发智能化程度稳步提高

随着第四次工业革命(智能化时代)的到来,自动化、数字化、智能化技术将在矿山行业中得到越来越普遍的重视,智能化技术将在矿产开发中发挥越来越重要的作用。

未来矿产开发必将积极引进智能化技术和设备,物联网、大数据、云计算和人工智能技术、无人驾驶技术、遥感技术和 GIS 系统的应用,将使矿山地质与测量、矿产资源储量、采矿、选矿、资源节约与综合利用、生态环境保护等生产经营各要素逐步实现数字化、自动化和协同化管控,并且其运行将使系统具备感知、分析、推理、判断及决策能力。

3)坚持和谐共生,发展循环经济,均衡利益目标

新时期生态文明强调人与自然的共生性,矿产资源的开采将不再仅仅追求经济效益的最大化,而是将追求生态效益、环境效益、安全效益的协调发展。

循环经济模式将全方位覆盖,通过减少废弃物的产生和利用副产品,提高资源利用率;通过建立资源回收和再利用体系,实现矿产资源的二次利用;通过应用废石再利用技术,"吃干榨净",促进矿产开发

的绿色循环。

4)坚持可持续发展、系统开采、资源开发多元化

对于矿产资源的开采将推行系统观,不再以损害当地环境为代价,将统筹从前期设计到开发到后期生态修复的全生命周期发展;随着全球资源竞争的加剧,多元化资源开发将成为必然选择,开采过程中,将充分系统地分析矿产储量以及资源类型,不放弃任何可用资源,做到多元化开发利用,提高企业的抗风险能力和市场竞争力。

5)矿产开发更趋清洁、环保

随着环保意识的提高,未来的矿产开发将愈加注重环境保护和可持续发展,矿业与新能源产业将协同发展,将逐步采用可再生能源或清洁能源作为矿山动力,如太阳能、风能、地热能等,减少化石燃料的使用,创建环境友好的矿产开发模式。

## 4.4.6 基于水平分层的新型矿产开发模式提出

### 4.4.6.1 水平分层开采的特点

水平分层开采的定义是将山体按一定的高度分成水平层状,从山体最高点开始,按照自上而下的顺序一层一层开采的方法,开采终了形成大面积的平台或42°以下的2~3面最终边坡。

与现行的传统露天开采方式相比,水平分层开采的特点主要体现在以下几个方面。

(1)以固废综合利用为推手,通过发展矿产资源循环经济,在经济效益与生态效益双重引导下,革命性地优化了露天采场的最终形态,采场的最终形态以平台为主,斜坡面积显著减小,生态环境再造的可能性更多样化,生态修复的经济性和可持续性显著提升。

(2)要求整体性综合勘查、产业链横纵拉伸性综合开发、技术创新驱动性多元化综合利用,对矿区范围内全部矿产资源应采尽采、应用尽用,达到"吃干榨净"、合理利用的效果,从整体上提高了矿产资源的利用水平,为经济发展提供了砂石资源保障。

(3)要求非金属露天矿山通过调整矿区范围、资源整合等方式实现资源整装勘查开发,矿山资源储量的配置体量更大,在促进装备水平升级的同时,带动生产系统和劳动组织的优化,能够有效地提升矿山的规模化、集约化水平,提高资源保障程度。

(4)采场的最终形态体现为单一的平台或"宽平台(不小于20m)+低边坡(不大于60m)"的连续组合,最终边坡角度明显减缓,有效地降低了安全隐患,提升了本质安全水平。

水平分层开采通过1年多的推行,引起了良好的社会反响,普遍反映水平分层开采法开采带来的是3个大大降低:矿山生态修复难度大大降低,矿山治理成本大大降低,矿山安全隐患大大降低。

通过推行水平分层开采,达到了"采一座山,得一片田"的效果,不仅可以拉动经济增长,还可推动资源增值。同时促进了矿山的开发与当地国土空间规划,有效衔接,矿山企业用地划入主城区城镇开发边界的可行性大幅增加,能够为城市扩容、发展提质提供土地要素保障。

### 4.4.6.2 新型矿产开发模式的提出

通过推行水平分层开采,为非金属矿产新型开发模式的研究带来了启示,通过综合分析传统非金属露天矿山开发模式的弊端、非金属露天矿山生态修复研究现状、水平分层开采法开采的特点,结合未来矿产开发的发展趋势,可以延伸提出基于水平分层开采法开采的生态矿业开发模式。

随着工业化、城市化、现代化进程的加快,对矿业而言,无疑是双刃剑。一方面,对矿产品的需求加

大了;另一方面,对矿山生态环境的要求也更严了。受服务半径影响,用量大、价值低的矿产品如沙、石等只能就近解决,无法从国外市场获得,而在生态环境方面的要求却越来越高,这种形势下,矿业的发展走向,只能是生态矿业这条路,这种形势下,生态矿业也就应运而生了。

#### 4.4.6.3 生态矿业开发模式的概念

生态矿业就是在矿业开发全过程中,提前进行全面规划,通过延伸资源产业链,建立资源、环境、生态效益兼顾的生产体系,处理矿产资源开发中的固体废料、水、气等,因地制宜地实施生态修复和景观塑造,发展农、林和旅游业,建立生态矿业工业园和安静、舒适的矿业社区,提高整体经济效益和生态环境质量,成为以矿业为主体的多种生产综合体,进行生态环境再造提升的矿业开发。

#### 4.4.6.4 生态矿业开发模式的特点

1)以生态文明理念为指导

随着我国经济不断发展,生态、环境问题日益恶化。在这样的大背景下,人类开始了生存与发展的深刻反思和艰难探索。转换发展方式,治理生存环境,走生态文明的发展之路则是改变这一现状的必然选择。

生态矿业开发模式要求综合运用生态规律、经济规律和一切有利于矿业、生态环境和经济协调发展的现代科学技术,从宏观上使矿业系统和生态系统耦合,协调矿业的生态、经济和技术关系,促进矿业生态经济系统的人才流、物质流、能量流、信息流和价值流的合理运转和系统的稳定、有序、协调发展。

2)以节约资源、清洁生产和废弃物多层次循环利用等为特征

生态矿业要求矿业系统内实现矿产资源的多层次循环和综合利用,在使能量转换和资源循环利用效率达到最大化的同时,使生态环境受到最小的损害,建立微观的矿业生态经济平衡,从而实现矿业的经济效益、社会效益和生态效益的同步提高,走可持续发展的矿业发展道路。

3)最终发展目标是满足社会发展需要、提高人类的生活水平

矿业是国民经济的基础产业,是人类生存、经济建设和社会发展不可缺少的重要物质基础,一些发达国家的经验表明,城市化水平达到30%以后将进入快速发展时期,矿产品的消耗强度也将达到高峰,21世纪中叶我国将达到中等发达国家的水平,而工业化和城市化水平的提高,需要消耗大量的能源和原材料,这就要求矿业必须有一个大的发展,以为我国现代化建设提供矿产资源保障。

4)以高新技术为支撑

未来的矿业开发应通过不断的技术研发,创新土地复垦和生态重建、景观再造技术,发展农、林和旅游业,建立生态矿业工业园和安静、舒适的矿业社区,提高整体经济效益和生态环境质量,成为以矿业为主体的多种生产综合体。

5)改善大环境,弥补小环境的破坏

非金属矿产的露天开发将不可避免地破坏原始地形地貌,未来的生态矿业开发模式将统筹矿山周边的地理、生态、经济和文化背景,以生态环境再造后大幅提升为最终目的,反推矿产开发后采场的最终形态。

### 4.4.7 新型矿产开发模式推广路径

实施生态矿业,当前最重要的是更新观念,增强生态意识。首先,矿业生产要由单纯的经济目标向

# 第4章 非金属露天矿山新型开发模式研究

经济与生态相统一的生态经济目标转变;其次,要树立大资源观点,要明确矿业生产只是国土资源开发的有机组成部分和一个阶段。要综合考虑矿山开采前、矿山开采过程中以及矿山闭坑以后,矿产资源以外的土地资源、旅游资源等的开发与利用。

1)政策引导,超前规划,源头减损(李向阳等)

新建露天矿山矿业权设置必须从矿产资源规划入手,科学规划选址,合理划定矿业权范围,已有矿业权必须通过资源整合,消除划界不合理的历史遗留问题,解决矿山"生态基因"缺乏的问题。

充分考虑对景观环境的影响,通过开采预测预判,充分考虑地形完整性和山形特点,合理划定或调整开采境界,避免矿区分界线沿山脊、半坡将山体分割,尽量少留边坡或者不留边坡,实现源头减损,为末端治理、中间治理过程的生态修复创造基底条件。

2)大力推进科学技术进步和技术改造(潘长良和彭秀平,2004)

矿产资源开采技术的创新是实现资源节约与环境保护要求的关键,也是关系着矿产经济发展的重中之重。开采技术创新的同时也必须实现创新技术的普及,即实现行业整体的技术创新。针对当前矿产资源开采方式上的多层次性和现有的矿产资源开采方式,技术创新不但能在节约资源和提高资源综合利用上发挥决定性作用,而且在减少环境污染、环境破坏等方面也发挥着重要作用。

建立和发展生态矿业的主要目的是不断提高矿业的资源转换和能量转换效率,并不断降低废弃物产出率和提高产品的生态性能及质量,从而提高矿业的生态经济综合效益,要达到这个目的,必须依赖人类对矿产资源和废弃物的认识和利用方面的科技进步,只有不断加强科学技术进步和技术改造,才能为矿业的发展提供高效利用能源、资源的新技术,提高资源转换率,减少废弃物产出率;为矿业的发展提供废弃物回收再利用技术,变废为宝,减少环境污染,同样,只有科学技术的进步,才能为矿业的发展提供新材料和新工艺,用可再生资源替换不可再生的矿产资源。

3)实施绿色管理(潘长良和彭秀平,2004)

绿色管理是随着可持续发展战略在全世界风行而衍生出的一种新型管理理念,对矿业而言,这就是将生态环境管理纳入矿业企业的经营管理过程之中,使生态环境的保护和经济的发展协调共进的一种企业管理模式。在管理目标上由过去的片面强调经济效益转向经济效益、生态环保效益和资源可持续利用并重的轨道上来。在经营管理过程中不仅强调经济效益最大化的经济原则,而且还强调遵循生态规律办事,形成人与自然、人与人、人与社会之间的协调发展关系。显然,在市场经济日益发达的今天,我们只有实施绿色管理,生产绿色产品,才可能在世界竞争中立于不败之地。

4)加速矿业经济体制改革(潘长良和彭秀平,2004)

实现矿业的生态化,建立完善的生态矿业体系,既是我国矿业经营模式的巨大转变,又是我国矿业发展的一次结构大调整。因此,我们必须逐步形成一套有利于国家矿业生态化的体制,以对全国生态矿业系统的建立和发展起促进和保障作用。首先,要打破目前存在的"地区所有制"和"部门所有制"的界限,建立有利于各矿业企业之间的物质转换、能流动、价值增值、资源与废料综合利用的新的管理体制;其次,要使我国的矿产品流通体制、外经外贸体制、投融资体制、价格体制和税收体制的改革,与生态矿业系统的建立和发展相配合,为实现我国矿业的生态化创造适宜的经济环境。

5)建立生态银行(杜莉莉等,2022)

生态银行是生态产品价值实现的一项重要的金融手段,是指政府搭建的生态权属交易平台。在政府审核与监管下,由银行主办者通过恢复/保护/新建生态资源产生生态信用,并通过交易将生态信用出售给资源开发者,实现生态产品向经济产品的转化。生态银行在保护生态、协调自然资源开发与保护关系方面发挥着重要作用。国际上具有代表性的生态银行主要有湿地缓解银行、森林银行、土壤银行、水银行等,而国内生态银行罕见,可以尝试建立生态银行,以帮助矿产资源开发废弃后的保护和修复。

## 4.5 新型矿产开发模式应用前景展望

　　基于水平分层开采法开采的生态矿业开发模式在矿业开发全过程中,提前进行全面规划,通过延伸资源产业链,建立资源、环境、生态效益兼顾的生产体系,在水平分层开采法开采的先行指引下,在生态文明形势日益严峻的未来,必将引领非金属露天矿山开发的新潮流。

# 第5章 结论及建议

## 5.1 研究结论

（1）河北省非金属露天矿山实行水平分层开采法开采，可统筹矿山开采期间及开采结束后与周边环境的和谐统一，降低生态修复成本，减少矿山安全隐患，提升社会综合效益，对生态环境、安全生产、资源保护、保障供给、转型升级等方面起到积极促进作用，是科学高效安全的开采方式。

①从根本上解决生态修复治理问题。水平分层开采法开采，采场的最终形态以平地或大平台为主，斜坡面积显著减小，生态环境再造的可能性更加多样化，生态修复的经济性和可持续性显著提升。

②从源头上减少矿山安全隐患。水平分层开采法开采，合理设计露天采场生产平台宽度及边坡角度，降低了生产过程中的安全隐患。采场的最终形态体现为单一的平台或宽平台（不小于20m）缓边坡，最终边坡角度明显减缓，提升了安全水平，减少了地质灾害隐患。

③从整体上提高矿产资源利用水平。新立开采矿山，要求综合勘查、综合开发、综合利用，合理确定矿区范围，对矿区范围内全部矿产资源应采尽采、应用尽用，达到"吃干榨净"、合理利用的效果。

④有效提升资源保障供给能力。非金属露天矿山通过调整矿区范围推进水平分层开采法开采，可实现资源整装勘查开发，矿山资源储量的配置体量更大，促进装备水平升级，优化生产系统和劳动组织，大幅度提高企业生产规模，有效提升矿山的规模化、集约化水平，提高非金属矿产品市场供应能力。

全面推行这种科学的开采方法并以此主导矿权设置和资源整合，对河北省非金属露天矿产资源开发与生态、安全、经济、社会协调发展具有十分重要的意义。

（2）通过推行水平分层开采法开采，为非金属矿产新型开发模式的研究带来了启示，综合分析传统非金属露天矿山开发模式的弊端、非金属露天矿山生态修复研究现状、水平分层开采法开采的特点，结合未来矿产开发的发展趋势，提出基于水平分层开采法开采的生态矿业开发模式。

生态矿业开发模式在矿业开发全过程中，提前进行全面规划，通过延伸资源产业链，建立资源、环境、生态效益兼顾的生产体系，处理矿产资源开发中的固体废料、水、气等，因地制宜地实施生态修复和景观塑造，发展农、林和旅游业，建立生态矿业工业园和安静、舒适的矿业社区，提高整体经济效益和生态环境质量，成为以矿业为主体的多种生产综合体，进行生态环境再造提升的矿业开发。

## 5.2 建　议

实施生态矿业，最重要的是更新观念，增强生态意识。生态矿业开发模式的提出是矿业持续发展的必经之路，需要不断的探索，任重而道远，提出以下几点建议。

（1）露天矿业权新设从矿产资源规划入手，科学规划选址，合理划定矿业权范围，已有矿业权通过资源整合，消除划界不合理的历史遗留问题，解决矿山"生态基因"缺乏的问题。避免矿区分界线沿山脊、半坡将山体分割，尽量少留边坡或者不留边坡，实现源头减损，为末端治理、中间治理过程的生态修复创造基底条件。

（2）实现行业整体的技术创新，针对当前矿产资源开采方式上的多层次性和现有的矿产资源开采方式，技术创新不但能在节约资源和提高资源综合利用上发挥决定性作用，而且在减少环境污染、环境破坏等方面也发挥着重要作用。只有科学技术的进步，才能为矿业的发展提供新材料和新工艺，用可再生资源替换不可再生的矿产资源。

（3）施行矿业绿色管理是将生态环境管理纳入矿业企业的经营管理过程之中，使生态环境的保护和经济的发展协调共进的一种企业管理模式。在管理目标上由过去的片面强调经济效益转向经济效益、生态环保效益和资源可持续利用并重的轨道上来。在经营管理过程中不仅强调经济效益最大化的经济原则，而且还强调遵循生态规律办事，形成人与自然、人与人、人与社会之间的协调发展关系。

（4）实现矿业的生态化，建立完善的生态矿业体系。我们必须逐步形成一套有利于国家矿业生态化的体制，以对全国生态矿业系统的建立和发展起促进和保障作用。首先，要打破目前存在的"地区所有制"和"部门所有制"的界限，建立有利于各矿业企业之间的物质转换，能流动、价值增值，资源与废料综合利用的新的管理体制；其次，要使我国的矿产品流通体制、外经外贸体制，投融资体制、价格体制和税收体制的改革，与生态矿业系统的建立和发展相配合，为实现我国矿业的生态化创造适宜的经济环境。

# 主要参考文献

杜莉莉,刘文豪,莫志凯,等,2022.废弃露天矿坑的生态修复方式及发展[J].能源于环保(2):44.

高海生,常学东,蔡金星,等,2006.我国板栗加工产业的现状与发展趋势[J].中国食品学报(1):429-436.

李向阳,寿立永,张晨招,等,2021.渭河平原露天矿山生态修复面临问题与思考[J].中国国土资源经济,34(10):55-59,82.

马代夫,李强,曹清河,等,2012.中国甘薯产业及产业技术的发展与展望[J].江苏农业学报,28(5):969-973.

马代夫,邱军,房伯平,等,2004.国家甘薯区试考察与产业发展建议[J].杂粮作物(5):306-308.

潘长良,彭秀平,2004.关于生态矿业的思考[J].湘潭大学自然科学学报,26(1):4.

汤月敏,代养勇,高歌,等,2010.我国甘薯产业现状及其发展趋势[J].中国食物与营养(8):23-26.

王静慧,吴文良,2003.我国燕山板栗生产带的优势、问题与对策研究[J].中国农业资源与区划(4):27-31.

王同坤,2007.燕山板栗产业发展现状与对策分析[D].咸阳:西北农林科技大学.